普通铣床操作与加工实训
（第2版）

陈　宇　　郎敬喜　　编著

王　雷　　段晓旭

汤振宁　　罗景龙　　参编

电子工业出版社

Publishing House of Electronics Industry

北京 · BEIJING

内 容 简 介

本书是高等职业技术教育实践性教材，旨在培训铣工岗位技能。本书依据《国家职业技能标准铣工》（初级、中级）的知识和技能要求，按照岗位培训需要的原则编写。采用项目教学法，把铣工岗位技能分解为若干个项目，内容包括铣工基础知识，铣削平面及连接面，铣台阶、沟槽及切断，用分度头铣角度面及刻线，铣花键轴、牙嵌离合器，在铣床上钻孔、铰孔及镗孔，复杂型面加工及工艺规程制订等内容。

本书具有较强的实用性和职业性，通过铣工初级、中级知识结构和技能操作的典型实例，为广大师生解决生产实际中的各种问题提供基本方法和可参考的范例。本书适合作为高等职业技术教育实践性教材，技工院校的专业课教材，也可以作为企业培训教材及广大铣工爱好者的参考用书。

图书在版编目（CIP）数据

普通铣床操作与加工实训/陈宇，郎敬喜编著. —2 版. —北京：电子工业出版社，2015.1
高职高专机电类"十二五"规划教材
ISBN 978-7-121-24972-3

Ⅰ. ①普…　Ⅱ. ①陈…　②郎…　Ⅲ. ①数控机床－铣床－操作－高等职业教育－教材②数控机床－铣床－加工－高等职业教育－教材　Ⅳ. ①TG547

中国版本图书馆 CIP 数据核字（2014）第 275716 号

策划编辑：李　洁
责任编辑：万子芬
印　　刷：北京捷迅佳彩印刷有限公司
装　　订：北京捷迅佳彩印刷有限公司
出版发行：电子工业出版社
　　　　　北京市海淀区万寿路 173 信箱　邮编：100036
开　　本：787×1 092　1/16　印张：12.5　字数：320 千字
版　　次：2008 年 11 月第 1 版
　　　　　2015 年 1 月第 2 版
印　　次：2025 年 1 月第 20 次印刷
定　　价：36.00 元

凡所购买电子工业出版社图书有缺损问题，请向购买书店调换。若书店售缺，请与本社发行部联系，联系及邮购电话：（010）88254888，88258888。

质量投诉请发邮件至 zlts@phei.com.cn，盗版侵权举报请发邮件至 dbqq@phei.com.cn。

本书咨询联系方式：lijie@phei.com.cn。

FOREWORD 前言

机械制造是技术密集型产业，对员工的职业素质要求高。本书从机械制造中的铣工岗位技能出发，依据《国家职业技能标准铣工》（初级、中级）的知识和技能要求，按照岗位培训需要的原则编写，重点讲授铣工应知应会的基本理论知识，着眼于培养铣工的岗位技能。本书自2008年首版以来，受到众多读者的喜爱，部分高职院校选为教材使用。随着时间的推移，为了能更好地体现本书与铣工实训相结合的实践内容，我们在首版的基础上进行了删改和修订，以期更好地将教学中积累的部分教改成果呈现给读者。

全书以铣工操作技能为导向，介绍了铣工常用工具、量具、铣刀，铣床上工件的装夹等基本知识，指导操作实训铣平面及连接面、铣长方体、铣斜面、铣台阶、铣沟槽及切断，用分度头铣角度面及刻线，铣花键轴、牙嵌离合器，在铣床上钻孔、铰孔及镗孔，以及利用铣床铣模具型面、铣蜗轮等铣工技能及铣工工艺规程的制订等内容。

本书精选生产中常用的铣工作业项目作为实训课教学内容，采用任务驱动的教学模式编写，即先提出铣削加工项目，阐述该项目中涉及的基本理论知识，然后让学生操作实施铣削项目，在铣削操作中进一步理解相关知识，并掌握该项铣削加工技能。这样的教学方式，既锻炼了学生的实践动手能力，又培养了技术工人的职业技能。

本书是高等职业技术教育实践性教材，教材的内容针对铣工技术岗位的需要，体现了较强的实用性和职业性。章首提出学习目标，章尾配有思考题，便于读者自学自检。

本书由陈宇、郎敬喜编著，以下老师参加了编写工作：郎敬喜（第1、2章），陈宇（第3、8章），王雷（第4章），段晓旭（第5章），罗景龙（第6章），汤振宁（第7章）。

本书难免存在疏漏及错误之处，恳请读者指正。

编著者

CONTENTS 目录

第1章 铣工基础知识 ·· (1)

1.1 铣工入门 ·· (1)

1.1.1 切削运动与切削用量 ·· (1)

1.1.2 铣削基本工作内容 ·· (3)

1.1.3 铣工常用工具 ·· (4)

1.1.4 铣工常用量具 ·· (6)

1.1.5 安全操作规程及文明生产 ·· (13)

1.2 铣床操作 ·· (14)

1.2.1 学习目标 ··· (14)

1.2.2 相关工艺知识 ·· (14)

1.2.3 实训项目——铣床操作与日常维护 ······························ (16)

1.3 铣刀选用及拆装 ··· (20)

1.3.1 学习目标 ··· (20)

1.3.2 相关工艺知识 ·· (20)

1.3.3 实训项目——铣刀安装 ·· (27)

1.4 铣床上工件的装夹 ·· (31)

1.4.1 学习目标 ··· (31)

1.4.2 相关工艺知识 ·· (31)

1.4.3 实训项目——装夹工件练习 ·· (39)

思考题1 ·· (41)

第2章 铣削平面及连接面 ·· (42)

2.1 铣削平面 ·· (42)

2.1.1 相关工艺知识 ·· (42)

2.1.2 实训项目——铣平面 ··· (44)

2.2 铣削平行面和垂直面 ·· (46)

2.2.1 相关工艺知识 ·· (46)

2.2.2 实训项目1——铣削平行平面 ······································ (48)

2.2.3 实训项目2——铣削垂直平面 ······································ (50)

2.3 铣削长方体 ·· (52)

2.3.1 相关工艺知识 ·· (53)

    2.3.2 实训项目——铣削长方体 ·· （55）

  2.4 铣削斜面 ·· （57）

    2.4.1 相关工艺知识 ·· （57）

    2.4.2 实训项目 1——倾斜装夹工件铣斜面 ·· （58）

    2.4.3 实训项目 2——转动立铣头铣斜面 ·· （60）

    2.4.4 实训项目 3——用角度铣刀铣斜面 ·· （61）

  2.5 切削加工工艺守则 ··· （63）

    2.5.1 切削加工工艺守则总则 ··· （63）

    2.5.2 铣削加工工艺守则 ·· （64）

  思考题 2 ·· （66）

第 3 章 铣台阶面、沟槽及切断 ··· （67）

  3.1 铣台阶面 ·· （67）

    3.1.1 相关工艺知识 ·· （67）

    3.1.2 实训项目——铣台阶面 ··· （69）

  3.2 铣削直角沟槽 ·· （71）

    3.2.1 相关工艺知识 ·· （71）

    3.2.2 实训项目——立铣刀加工槽 ··· （72）

  3.3 铣键槽 ·· （73）

    3.3.1 相关工艺知识 ·· （73）

    3.3.2 实训项目——铣半圆键槽 ·· （78）

  3.4 铣 T 形槽、V 形槽、燕尾槽 ··· （79）

    3.4.1 相关工艺知识 ·· （79）

    3.4.2 实训项目——铣 V 形槽、T 形槽、燕尾槽 ·· （81）

  3.5 切断的工艺方法及步骤 ·· （82）

    3.5.1 相关工艺知识 ·· （82）

    3.5.2 实训项目——切割工件 ··· （84）

  思考题 3 ·· （85）

第 4 章 用分度头铣角度面及刻线 ··· （86）

  4.1 万能分度头 ··· （86）

    4.1.1 相关工艺知识 ·· （86）

    4.1.2 实训项目——分度划线 ··· （91）

  4.2 铣削等分六面体 ··· （92）

    4.2.1 相关工艺知识 ·· （92）

    4.2.2 实训项目——加工六角螺母的六角面 ··· （93）

  4.3 刻线加工 ·· （96）

    4.3.1 相关工艺知识 ·· （97）

    4.3.2 实训项目——刻等分圆周线 ··· （99）

  思考题 4 ·· （101）

第 5 章　铣花键轴、牙嵌离合器 ....（102）

　　5.1　铣矩形齿花键轴 ....（102）

　　　　5.1.1　相关工艺知识 ....（102）

　　　　5.1.2　实训项目——铣削花键轴 ....（106）

　　5.2　铣牙嵌离合器 ....（108）

　　　　5.2.1　相关工艺知识 ....（108）

　　　　5.2.2　实训项目——铣削牙嵌离合器 ....（110）

　　思考题 5 ....（112）

第 6 章　在铣床上钻孔、扩孔、铰孔及镗孔 ....（113）

　　6.1　钻孔 ....（113）

　　　　6.1.1　相关工艺知识 ....（113）

　　　　6.1.2　实训项目——钻孔 ....（117）

　　6.2　在模板上扩孔、铰孔 ....（118）

　　　　6.2.1　相关工艺知识 ....（118）

　　　　6.2.2　实训项目——加工模板孔 ....（120）

　　6.3　镗孔 ....（121）

　　　　6.3.1　相关工艺知识 ....（121）

　　　　6.3.2　实训项目——镗孔 ....（126）

　　思考题 6 ....（126）

第 7 章　复杂型面加工 ....（127）

　　7.1　铣模具型面 ....（127）

　　　　7.1.1　相关工艺知识 ....（127）

　　　　7.1.2　实训项目——铣削凹模型腔 ....（129）

　　7.2　铣蜗轮 ....（131）

　　　　7.2.1　相关工艺知识 ....（131）

　　　　7.2.2　实训项目——铣削蜗轮 ....（134）

　　思考题 7 ....（139）

第 8 章　工艺规程 ....（140）

　　8.1　相关工艺知识 ....（140）

　　　　8.1.1　基本概念 ....（140）

　　　　8.1.2　定位基准的选择 ....（144）

　　　　8.1.3　工艺过程的合理安排 ....（145）

　　　　8.1.4　编制工艺规程的步骤 ....（148）

　　8.2　实训项目——典型零件的加工工艺 ....（149）

　　　　8.2.1　典型表面的加工方案 ....（149）

　　　　8.2.2　铣 V 形铁 ....（151）

　　　　8.2.3　铣十字槽配合件 ....（153）

　　　　8.2.4　铣偶数矩形牙嵌离合器 ....（155）

　　　　8.2.5　铣直齿圆柱齿轮 ....（156）

思考题 8 ·· (157)

附录 A 简单分度表 ·· (158)

附录 B 角度分度表（分度头定数为 40）·· (161)

课后思考题参考答案 ··· (177)

参考文献 ·· (190)

第1章

铣工基础知识

铣削是基本的金属切削加工方法之一。在铣削加工中，铣刀旋转做主运动，工件或铣刀做进给运动。铣刀是多刃刀具，与单刃刀具比较，旋转的多刃铣刀切削时能承担更大的切削载荷，具有更大的切削用量，所以铣削的加工精度和生产效率较高，加工范围广。

 学习目标

- 了解铣床的工作内容、铣削加工的特点。
- 掌握安全操作、文明生产的操作规程。
- 掌握常用铣刀的种类及铣刀的拆装方法。
- 能正确选择、使用铣床夹具。
- 能正确使用量具测量工件。
- 掌握常用铣床的操作方法。
- 掌握常用铣床的日常维护及保养。

1.1 铣工入门

1.1.1 切削运动与切削用量

1. 切削运动

在金属切削加工过程中，刀具和工件之间的相对运动称为切削运动。切削运动可分为主运动和进给运动。

① 主运动。切削运动中直接切除工件上的切削层，使之转变为切屑，以形成工件新表面的运动是主运动。主运动速度即为切削速度，用符号 v_c 表示（单位 m/min）。一般来说，主运动是由机床主轴提供的，所以其运动速度高，消耗的切削功率大。铣削和钻削的主运动是刀具回转运动。

② 进给运动。把切削层不断地投入切削，以完成对一个表面的切削的运动是进给运动。进给运动的速度称为进给速度，用符号 v_f 表示（单位 mm/min）。进给速度还可以用进给量 f

表示（单位 mm/r）。如钻削加工中的钻头，铰刀的轴向移动，铣削时工件的纵向、横向移动等，都是进给运动。

通常，切削加工的主运动只有一个，而进给运动可能有一个或几个。

2. 铣削用量

切削速度、进给量和吃刀量是切削用量的三要素，总称为切削用量。铣削加工中的切削用量称为铣削用量，铣削用量包括铣削速度、进给速度和吃刀量。

① 铣削速度 v_c，即铣刀旋转（主运动）的线速度，如图 1-1 所示，单位为 m/min，其计算公式为：

$$v_c = \frac{\pi d_0 n}{1000} \tag{1-1}$$

式中 d_0——铣刀的直径（mm）；

n——铣刀的转速（r/min）。

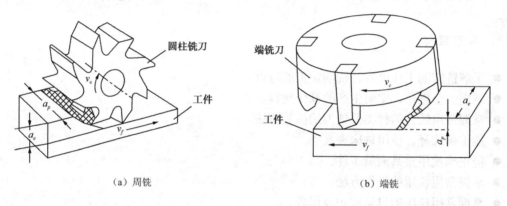

（a）周铣　　　　　　　　　　　　　　（b）端铣

图 1-1　铣削运动及铣削用量

② 进给速度 v_f，即单位时间内铣刀在进给运动方向上的相对工件的位移量，如图 1-1 所示，单位是 mm/min。进给速度也称为每分钟进给量。铣刀是多刃刀具，所以铣削进给量还分为每转进给量 f 和每齿进给量 f_z，其中：

- f 表示铣刀每转一转，铣刀相对工件在进给运动方向上移动的距离（mm/r）；
- f_z 表示铣刀每转一个刀齿，铣刀相对工件在进给运动方向上移动的距离（mm/z）。

每分钟进给量 v_f 与每转进给量 f、每齿进给量 f_z 之间的关系是：

$$v_f = fn = f_z zn \tag{1-2}$$

式中　n——铣刀主轴转速（r/min）；

z——铣刀齿数。

③ 吃刀量，一般指工件上已加工表面和待加工表面间的垂直距离。吃刀量是刀具切入工件的深度，铣削中的吃刀量分为背吃刀量 a_p 和侧吃刀量 a_e。

铣削背吃刀量 a_p 是通过切削刃基点并垂直于工作平面的方向上测量的吃刀量。它是平行于铣刀轴线方向测量的切削层尺寸，单位是 mm。例如，周铣中铣刀端面（轴线方向）的吃刀量，如图 1-1（a）所示；端铣中铣刀端面（轴线方向）的吃刀量，如图 1-1（b）所示。

④ 铣削侧吃刀量 a_e 是通过切削刃基点，平行于工作平面并垂直于进给运动方向上测量的

吃刀量。它是垂直于铣刀轴线测量方向的切削层尺寸，单位是 mm。例如，周铣中铣刀径向（垂直于轴线方向）的吃刀量，如图 1-1a 所示；端铣中铣刀径向（垂直于轴线方向）的吃刀量，如图 1-1（b）所示。

【例 1-1】　在 X6132 型卧式万能铣床上，铣刀直径 d_0=100mm，铣削速度 v_c=28m/min。问铣床主轴转速 n 应调整为多少？

解　d_0=100mm，v_c=28m/min

$$n = \frac{1000 v_c}{\pi d_0} = \frac{1000 \times 28}{3.14 \times 100} = 89 \text{r/min}$$

根据机床主轴转速表上的数值，89r/min 与 95r/min 比较接近，所以应把主轴转速调整为 95r/min。

【例 1-2】　在 X6132 型万能铣床上，铣刀直径 d_0=100mm，齿数 z=16，转速选用 n=75r/min，每齿进给量 f_z=0.08 mm/z。问机床进给速度应调整到多少？

解　v_f=$f_z z n$=0.08×16×75=96mm/min

根据机床进给量表上的数值，96mm/min 与 95mm/min 接近，所以应把机床的进给速度调整到 95mm/min。

1.1.2　铣削基本工作内容

铣削中的进给运动可以是直线运动，也可以是曲线运动，因此铣削的加工范围广。铣削基本工作内容如图 1-2 所示。

（a）圆柱铣刀铣平面　　（b）端铣刀铣平面　　（c）三面刃铣刀铣直角通槽

（d）锯片铣刀切断　　（e）立铣刀铣台阶　　（f）键槽铣刀铣键槽

（g）球头铣刀铣成型面　　（h）铣V型槽　　（i）凹圆弧铣刀铣凹圆弧面

图 1-2　铣削基本工作内容

1.1.3　铣工常用工具

铣床操作中找正工件、调整间隙及工件、刀具、夹具的装夹等，需使用下列工具。

1. 锤子

如图 1-3 所示，锤子用于装夹工件和拆卸刀具时的敲击。锤子分为钢锤和铜锤（或铜棒），铜锤用于敲击已加工面，钢锤用于清理毛坯、焊口毛刺、打样冲等。

2. 划线盘

如图 1-4 所示，划线盘主要用于找正工件或划线，划针位置可以按工作需要进行调整。

图 1-3　锤子

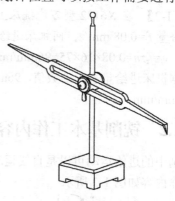

图 1-4　划线盘

3. 扳手

扳手主要用来扳紧或松开螺钉和螺母。常用的扳手有活扳手和呆扳手。

呆扳手一般作为专用附件，其开口尺寸与螺钉头的对边间距尺寸相适应，如图 1-5 所示。

活扳手的规格以扳手长度表示，常用的有 150mm（6in）、200mm（8in）、250mm（10in）和 300mm（12in）。使用时，根据六角对边尺寸选用合适的活扳手。使用活扳手时应让固定钳口受主要作用力，如图 1-6 所示。

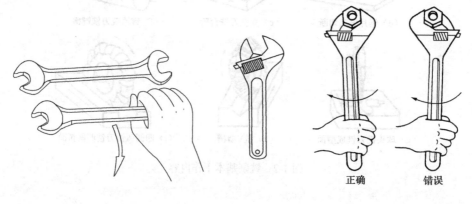

图 1-5　呆扳手及其使用　　　　图 1-6　活扳手及其使用

正确　　错误

4. 螺钉旋具

旋具主要用来旋紧或松开螺钉，其规格以刀体部分的长度表示，常用有 150mm、200mm 和 400mm 等。

螺钉旋具分为一字槽螺钉旋具和十字槽螺钉旋具两种，如图 1-7 所示，使用时可按螺钉沟槽形状选用。

5. 内六角扳手

内六角扳手用于扳紧或松开内六角螺钉，如图 1-8 所示。其常用规格是 6mm、8mm、10mm（六角的对边尺寸）。

6. 柱销钩形扳手

柱销钩形扳手用于紧固带槽或带孔圆螺母，如图 1-9 所示。其规格是以所紧固螺母直径表示的，使用时根据螺母直径选用。如螺母直径为 ϕ100mm，则选用 100～110mm 的柱销钩形扳手，然后手握住扳手柄部，将扳手的柱销勾入螺母的槽或孔中，扳手的内圆卡在螺母外圆上，用力将螺母扳紧或逆时针旋松。

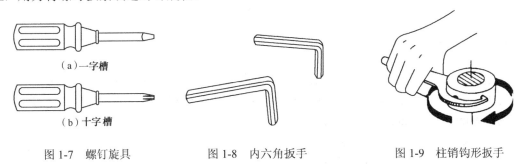

（a）一字槽		
（b）十字槽		

图 1-7　螺钉旋具　　　　图 1-8　内六角扳手　　　　图 1-9　柱销钩形扳手

7. 锉刀

扁锉（平锉）如图 1-10（a）所示，其规格根据锉刀的长度表示，有 150mm、200mm 和 250mm 等，又分粗齿、中齿和细齿三种。铣工一般使用 200mm 的中齿扁锉修去工件毛刺，如图 1-10（b）所示。

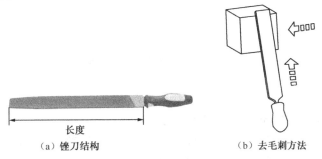

长度

（a）锉刀结构　　　　　　　（b）去毛刺方法

图 1-10　扁锉刀

1.1.4　铣工常用量具

1．钢直尺

钢直尺是一种基本量具，其结构如图 1-11（a）所示。

钢直尺主要用于测量工件的毛坯尺寸或精度要求不高的尺寸，使用方便，可以直接读数，大格为 1cm，小格为 1mm，1/2 小格为 0.5mm。测量时一般以钢直尺的平端面零位线为基准，与工件的测量基准对齐，钢直尺的侧面要紧靠工件台阶，然后目测被测表面所对准的刻度位，读出数值。如图 1-11（b）所示的读数为 32mm。

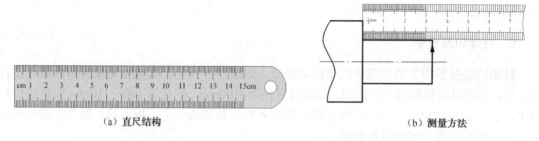

（a）直尺结构　　　　　　　　　　　　　　　　（b）测量方法

图 1-11　钢直尺

2．游标卡尺

由于钢直尺测量误差较大，所以如要求尺寸测量精度较高时可采用游标卡尺测量。常用的游标卡尺如图 1-12 所示，它能够测量外径，也能测量内径和长度尺寸。游标卡尺的读数精度分为 0.02mm、0.05mm、0.1mm 等。

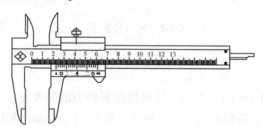

图 1-12　游标卡尺

（1）游标卡尺的读数方法

应先读出游标"0"线左面尺身的整毫米数，然后再看游标和尺身的哪条线正好上下对齐，读出小数毫米，最后将两者相加即为实际测量的读数。

【例 1-3】　如图 1-13（a）所示，为读数精度为 0.05mm 的游标卡尺，"0"线左面为零，尺身与游标对齐位置在 0.4mm 处，故其读数为 0.4mm。

【例 1-4】　如图 1-13（b）所示，"0"线左面的整毫米数为 34mm，游标、尺身上下对齐位置在 0.35mm 处，所以读数是 34mm+0.35mm=34.35mm。

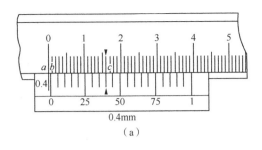

0.4mm

（a）

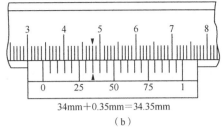

34mm+0.35mm=34.35mm

（b）

图 1-13　分度值为 0.05mm 游标卡尺的读数示例

同样道理，如图 1-14（a）所示，读数精度为 0.02mm 的游标卡尺的读数为 0.22mm；图 1-14（b）所示读数值为 50.48mm。

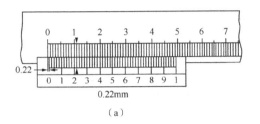

0.22mm

（a）

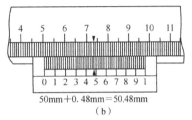

50mm+0.48mm=50.48mm

（b）

图 1-14　分度值为 0.02mm 游标卡尺的读数示例

（2）游标卡尺的使用方法

① 检查零位。两测量面清洁后，将侧面推合，检查尺身和游标的零位线是否上下对齐，如果有偏差就说明游标卡尺的测量面磨损，使用这种游标卡尺去测量工件时误差较大，应修复后再使用。

② 测量操作方法。测量外尺寸、内尺寸、深度的操作方法如图 1-15 所示。

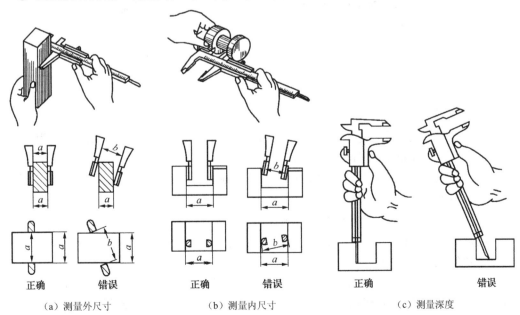

（a）测量外尺寸　　　　　（b）测量内尺寸　　　　　（c）测量深度

图 1-15　游标卡尺使用方法

3．千分尺

如图1-16所示，千分尺是一种精密量具，测量分度值为0.01 mm，规格为0～25mm、25～50mm、50～75mm、75～100mm等，每隔25mm为一挡。

图1-16　千分尺

（1）千分尺的读数方法

首先读出活动微分筒斜面边缘处露出的固定套管上刻线的整毫米数；然后观察固定套管基准线下面的半毫米数刻线是否露出，如已露出，则读数加0.5mm，如未露出则不加；最后读出活动微分筒上的刻线与固定套管上的基准线所对准的数值，即小数部分。将上述的三项数值相加即为被测工件的读数，如图1-17（a）所示，读数是12mm+0.04mm=12.04mm；图1-17（b）所示读数为32mm+0.5mm+0.35mm=32.85mm。

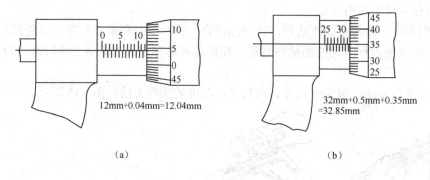

12mm+0.04mm=12.04mm

32mm+0.5mm+0.35mm=32.85mm

（a）

（b）

图1-17　外径千分尺读数示例

（2）千分尺的使用方法

① 按被测工件的直径（宽度、厚度）尺寸选择千分尺的规格。例如，被测厚度为21mm，属0～25mm范围，ϕ30mm则属25～50mm范围。

② 零位前两测量面需擦干净。转动棘轮，当两测量面接触后发出"嗒嗒"的响声时，停止转动棘轮，检查零位线是否对准。若零位线有偏差，则应重新擦干净后再复核一次，若确系零位偏差则应送计量部门进行校准后方可使用。

③ 测量时千分尺两测量面和工件被测表面均应擦干净，然后转动棘轮，使两测量面之间的张开距离略大于被测工件尺寸。

④ 如图1-18所示，左手握住尺架，右手大拇指和食指握住棘轮并使两测量面与工件保持垂直，然后转动棘轮并作轻微的摆动以便千分尺测量面接触工件。测量时测量面与工件被测表面平行，最小读数值为工件的正确尺寸。厚度尺寸一般至少要测三点，以检查两端面是

否平行。

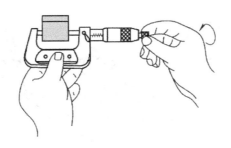

图 1-18　千分尺使用方法

4．百分表

百分表分为钟面式百分表（如图 1-19（a）所示）和杠杆式百分表（如图 1-19（b）所示）。百分表主要用于校正夹具和找正工件，也可用来测量工件。

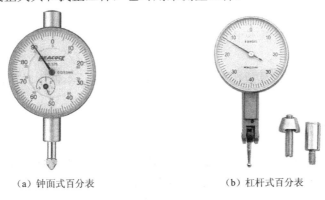

（a）钟面式百分表　　　　　　　（b）杠杆式百分表

图 1-19　百分表种类

（1）钟面式百分表使用方法

钟面式百分表一般与磁性表座配合使用，如图 1-20（a）所示，其操作步骤如下。

① 根据使用需要可将表座吸在机床导轨面或工作台面上。

② 将百分表安装在表座接杆上，使测杆轴线与测量面垂直，紧固表座上各螺母。

③ 使百分表测头与测量面接触后，指针转动约 0.5mm，然后转动表盘使指针对准"0"位。

（2）杠杆式百分表使用方法

杠杆式百分表体积小，使用灵活，杠杆测头能改变方向。杠杆式百分表一般与磁性表座配合使用，其操作步骤如下。

① 在磁性表座上装上百分表的夹脚。

② 根据校正需要将表座吸在机床导轨面上。

③ 将百分表安装在夹脚上，调整杠杆测头轴线与测量面一个 α 角（约小于 15° 的夹角），如图 1-20（b）所示。

④ 使百分表测头与测量面接触后，指针转动约 0.2mm，然后转动表盘使指针对准"0"位。

⑤ 百分表安装在高度游标尺上使用，首先将高度尺划线量爪卸下，旋转 180° 安装，然

后再装上弹性夹头、百分表。使用时，根据测量需要调节高度尺即可。

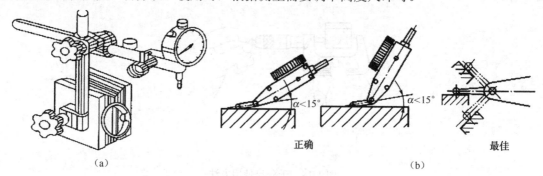

正确　　　　　　　　　最佳

（a）　　　　　　　　　　　　　　（b）

图1-20　百分表使用方法

（3）百分表的保养

① 使用百分表时要轻拿轻放，吸在导轨面上要牢靠，以防摔坏或造成测量误差。

② 不要使测量杆做过多的无效工作，更不得玩弄。

③ 不能对测量杆进行冲击。

④ 不能用百分表测量粗糙不平的表面。

⑤ 防止切削液渗入表中。

⑥ 百分表不要与其他工具放在一起，应单独放在盒内，不使用时在杠杆测头处涂上防锈油。

5．游标万能角度尺

游标万能角度尺是一种采用游标读数，可测任意角度的量规，测量范围为 0°～320°，如图1-21所示。游标万能角度尺由尺身、直角尺、游标、制动器、基尺、直尺和卡块组成。基尺随尺身可沿游标转动，转到所需角度时，再用制动器锁紧。卡块将直角尺和直尺固定在所需的位置上。

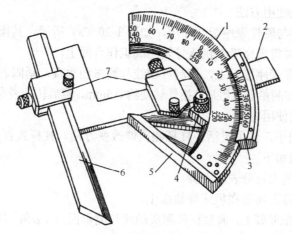

1—尺身；2—直角尺；3—游标；4—制动器；5—基尺；6—直尺；7—卡块

图1-21　游标万能角度尺

① 游标万能角度尺（精度为 2′）的刻线原理。尺身上刻线为每 1 小格对应中心角（圆心角）1°，游标上刻线共 30 小格，对应中心角 29°，即每 1 小格对应的中心角为 58′，尺身小格与游标万能角度尺的测量度为 2′。游标万能角度尺的读数方法与游标卡尺的读数方法基本相同。

② 游标万能角度尺的测量范围分段。游标万能角度尺的测量范围为 0°～320°，共分 4 段：0°～50°；50°～140°；140°～230° 和 230°～320°。各测量段的直角尺、直尺位置配置和测量方法如图 1-22 所示。

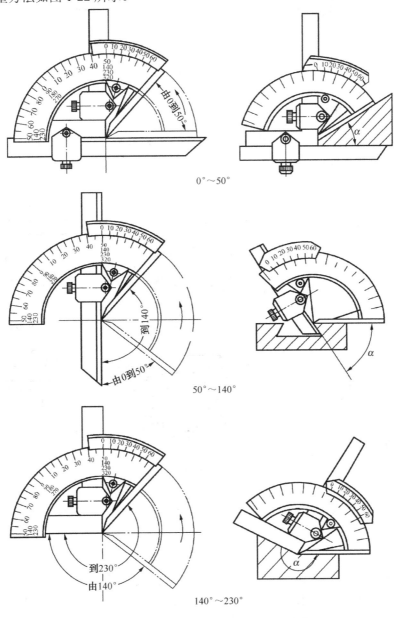

图 1-22 游标万能角度尺测量方法示意图

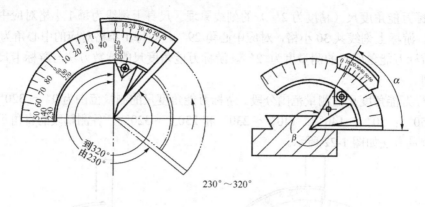

230°～320°

图 1-22　游标万能角度尺测量方法示意图（续）

6. 直角尺（90°角尺）

直角尺如图 1-23 所示，由尺座和尺苗组成，用来检测工件相邻表面的垂直度。检测时，通过观察尺苗与工件间透光缝隙的大小，判断工件相邻表面间的垂直度误差，如图 1-24 所示。

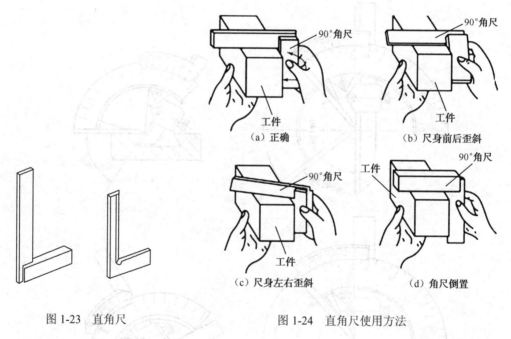

图 1-23　直角尺　　　　　　　　　　图 1-24　直角尺使用方法

7. 塞尺

如图 1-25 所示塞尺，是由一组不同厚度的薄钢片组成的测量工具。每片钢片都有精确的厚度并将其厚度尺寸标明在钢片上。塞尺主要用来检测两个结合平面之间的间隙大小，也可配合 90°角尺测量工件表面间的垂直度误差，如图 1-26 所示。

图 1-25 塞尺

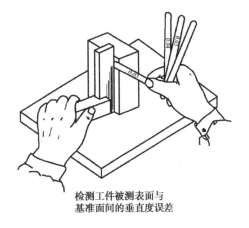

检测工件被测表面与
基准面间的垂直度误差

图 1-26 用塞尺检测垂直度误差

1.1.5 安全操作规程及文明生产

1. 安全操作规程

① 工作前，必须穿好工作服，女生必须戴好工作帽，发辫不得外露，必须戴防护眼镜。

② 不准许穿背心、裙子、拖鞋、凉鞋、高跟鞋进入实训车间。

③ 不准许戴手套操作机床。

④ 工作前认真查看机床有无异常，在规定部位加注润滑油和冷却液。

⑤ 开始加工前先安装好刀具，再装夹工件。工件装夹必须牢固可靠，严禁用开动机床的动力装夹刀杆、拉杆。

⑥ 主轴变速必须停车，变速时先打开变速操作手柄，再选择转速，最后以适当快慢的速度将操作手柄复位（复位时若速度过快，则冲动开关难动作；太慢则易达启动状态，容易损坏啮合中的齿轮）。

⑦ 开始铣削加工前，刀具必须离开工件一段距离，并应查看铣刀旋转方向与工件相对位置，判断是顺铣还是逆铣。通常不采用顺铣，而采用逆铣。若有必要采用顺铣，则应事先调整工作台丝杠螺母间隙到合适的程度方可铣削加工。

⑧ 在加工工件过程中，若采用自动进给，则必须注意行程的极限位置，必须严密注意铣刀与工件夹具间的相对位置，以防发生过铣、撞铣夹具而损坏刀具和夹具的现象。

⑨ 加工中，严禁将多余的工件、夹具、刀具、量具等摆在工作台上，以防碰撞、跌落而，发生人身、设备事故。

⑩ 中途停车测量工件时，不得用手强行刹住惯性转动着的铣刀主轴。

⑪ 铣后的工件被取出后，应及时去除毛刺，防止拉伤手指或划伤堆放的其他工件。

⑫ 发生事故时，应立即切断电源，保护现场，参加事故分析，承担事故应负的责任。

2. 文明生产

① 机床应做到每天一小擦，每周一大擦，按时一级保养；打扫工作场地，将切屑倒入规定地点，保持机床整齐清洁。

② 操作时，工具与量具应分类整齐地安放在工具架上，不要随便乱放在工台上或与切屑等混在一起。

③ 操作者对周围场地应保持整洁，地上无油污、积水、积油。

④ 在机床运行中不得擅自离开岗位或委托他人看管；不准闲谈、打闹和开玩笑。

⑤ 两人或多人共同操作一台机床时，必须严格分工，分段操作，严禁多人同时操作一台机床。

⑥ 高速铣削时，应设置遮挡板，以防止铁屑飞溅伤人。

⑦ 工作结束后应认真清扫机床、加油，并将工作台移向垂直导轨附近。

⑧ 收拾好所用的工具、夹具、量具，摆放于工具箱中，交检工件。

⑨ 保持图样或工艺文件的清洁完整。

1.2 铣床操作

1.2.1 学习目标

（1）熟悉铣床的结构。

（2）掌握铣床的基本操作项目。

（3）掌握铣床的日常维护与保养。

1.2.2 相关工艺知识

1. 常用铣床

（1）升降台式铣床

升降台式铣床的主要特征是装备有沿垂直导轨运动的升降台（曲座），工作台可随着升降台作上下（垂直）运动。工作台本身在升降台上面又可作纵向和横向运动，故使用方便，操作灵活，用途广，适宜于加工中小型零件。因此，升降台式铣床是用得最多、最普遍的铣床。这类铣床按主轴位置可分为卧式和立式两种。

① 卧式铣床。卧式铣床的主轴与工作台台面平行，主轴呈水平位置。铣削时，铣刀和刀轴安装在主轴上，绕主轴轴心线做旋转运动，工件和夹具夹在工作台面上作进给运动。图 1-27 所示为 X6132 型卧式万能升降台式铣床，其纵向工作台可按工作需要在水平面上作 45° 范围内的左右转动。

② 立式铣床。立式铣床的主轴与工作台台面垂直，主轴呈垂直位置，如图 1-28 所示。立式铣床安装主轴的部分称为立铣头，万能立式铣床的立铣头与床身结合处呈转盘状，并有刻度。立铣头可按工作需要，在垂直方向上左右扳一定的角度。

（2）龙门铣床

龙门铣床属于大型铣床，四轴龙门铣床如图 1-29 所示。铣削动力头安装在龙门导轨上，可作横向和升降运动；工作台安装在固定床身上，只能作纵向移动，适宜加工大型工件。

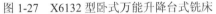

图 1-27　X6132 型卧式万能升降台式铣床

图 1-28　立式铣床

（3）万能工具铣床

X8126 型万能工具铣床能完成多种铣削工作，不仅工作台可以作两个方向的平移，而且立铣头既可以一个方向平移，又可以在垂直平面上左右扳转一个角度，如图 1-30 所示。万能工具铣床卸掉立铣头，摇出横梁后还可以作卧式铣床用，且特别适合于加工刀具、样板和其他工具、量具类等较复杂的小型零件。

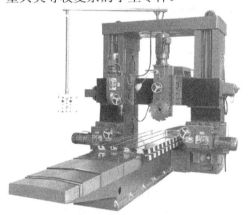

图 1-29　四轴龙门铣床

图 1-30　万能工具铣床

2．X6132 型铣床主要结构

（1）铣床型号

卧式万能升降台式铣床简称万能铣床，如图 1-27 所示，其型号为 X6132，具体含义如下。

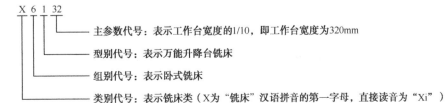

（2）X6132 型卧式万能铣床的主要组成部分及作用

① 床身。床身用来固定和支承铣床上所有的部件。床身正面有燕尾形垂直导轨，可引导升降台上下移动。床身顶部有燕尾形水平导轨，用于安装横梁并按需要引导横梁作水平移动。电动机、主轴及主轴变速机构等安装在床身内部。

② 横梁。横梁可沿床身顶部的燕尾形导轨移动，按工作需要调节其伸出长度。横梁上面安装吊架，用来支承刀杆外伸的一端，以加强刀杆的刚性。

③ 主轴。主轴的前端是带有锥孔的空心轴，前端有 7：24 的精密锥孔，其用途是安装铣刀刀杆并带动铣刀旋转，实现铣削的主运动。

④ 纵向工作台。纵向工作台在转台的导轨上作纵向移动，带动台面上的夹具及工件作纵向进给运动。

⑤ 横向工作台。横向工作台位于升降台的水平导轨上，带动纵向工作台一起作横向进给运动。

⑥ 转台。转台的作用是能将纵向工作台在水平面内扳转一定的角度，以便铣削螺旋槽。

⑦ 升降台。升降台可以使整个工作台沿床身的垂直导轨上下移动，以调整工作台面到铣刀的距离，并作垂直进给。带有转台的卧式铣床，由于其工作台除了能作纵向、横向和垂直方向的移动外，还能在水平面内左右扳转 45°，因此称为万能卧式铣床。

⑧ 底座。底座用来支持床身、承受铣床全部重量和盛切削液。

1.2.3 实训项目——铣床操作与日常维护

● X6132 型万能卧式铣床操作练习。
● X6132 型万能卧式铣床日常维护。

【操作步骤】

1. 工作台手动进给手柄的操作

操作时将手柄纵向加力，分别接通其手动进给离合器。摇动工作台任何一个手动进给手柄，就能带动工作台做相对应方向的手动进给运动。顺时针摇动手柄，即可使工作台前进（或上升）；反之，若逆时针摇动手柄，则工作台后退（或下降）。工作台升降手动手柄如图 1-31（a）所示，工作台纵向手动手轮如图 1-31（b）所示。

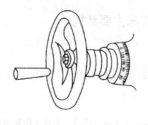

（a）升降手动手柄   （b）纵向手动手轮

图 1-31　手柄

在进给手柄刻度盘上刻有"1 格=0.05mm"字样，说明进给手柄每转过 1 小格，工作台移动 0.05mm。摇动各自的手柄，通过刻度盘控制工作台在各进给方向的移动距离。为避免丝杠与螺母间隙的影响，若手柄摇过了刻度，不可直接摇回，必须向回旋转 1 转后，再重新摇到要求的刻度位置。

2．主轴变速的操作

变换主轴转速时，必须先接通电源，停车后按以下步骤进行。

① 手握变速手柄球部下压，使其定位的榫块脱出固定环槽 1 的位置，如图 1-32 所示。

② 将手柄快速向左推出，使其定位块送入到固定环的槽 2 内。手柄处于脱开的位置Ⅰ。

③ 转动调速盘，将所选择的主轴转数对准指针。

④ 下压手柄，并快速推至位置Ⅱ，即可接合手柄。此时，冲动开关瞬时接通，电动机转动，带动变速齿轮转动，使齿轮啮合。随后，手柄继续向右至位置Ⅲ，并将其榫块送入固定环的槽 1 位置。电动机失电，主轴箱内齿轮停止转动。

⑤ 由于电动机启动电流很大，所以最好不要频繁变速。即使需要变速，中间的间隔时间应不少于 5min。主轴未停止，严禁变速。

⑥ 主轴变速完成后，按下启动按钮，主轴即按选定转速旋转。

⑦ 检查油窗是否上油。

3．进给变速的操作

铣床上的进给变速机构的操作非常方便，按照如下步骤进行。

① 向外拉出进给变速手柄。

② 转动进给变速手柄，带动进给速度盘转动。将进给速度盘上选择好的进给速度的值对准指针位置。

③ 将进给变速手柄推回原位，即可完成进给变速的操作，如图 1-33 所示。

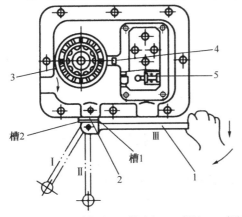

1—变速手柄；2—固定环；3—转速盘；4—指针；5—螺钉

图 1-32　主轴变速的操作

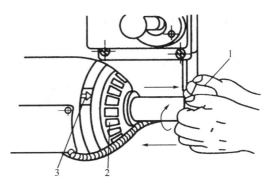

1—变速手柄；2—变速盘；3—指针

图 1-33　进给变速的操作

4．工作台机动进给的操作

X6132 型卧式万能升降台式铣床的工作台，在各个方向的机动进给手柄都有两副是联动的复式操纵机构，使操作更加方便。三个进给方向的安全工作范围，各由两块限位挡铁实现安全限位。若非工作需要，不得将其随意拆除，否则会发生工作超程而损坏铣床。

工作台纵向机动进给手柄有三个位置，即"向左进给"、"向右进给"和"停止"，如图 1-34 所示。

工作台横向和垂直方向的机动进给手柄有五个位置，即"向里进给"、"向外进给"、"向上进给"、"向下进给"和"停止"，如图 1-35 所示。

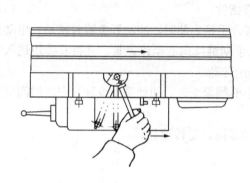 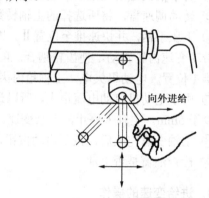

图 1-34　工作台纵向机动进给操作　　　　图 1-35　横向和垂直方向的机动进给操作

机动进给手柄的设置使操作方便、不易出错，即当机动进给手柄与进给方向处于垂直状态时，机动进给是停止的。若机动进给手柄处于倾斜状态，则该方向的机动进给被接通。在主轴转动时，手柄向哪个方向倾斜，即向哪个方向进行机动进给；如果同时按下快速移动按钮，则工作台即向该方向进行快速移动。

5．铣床的日常维护保养

铣床的日常维护保养要求如下。

① 严格遵守操作规程。

② 熟悉机床性能和使用范围，不超负荷工作。

③ 若发现机床有异常现象，则应立即停机检查。

④ 工作台、导轨面上不准乱放工具、工件或杂物，毛坯工件直接装夹在工作台上时应用垫片。

⑤ 工作前应先检查各手柄是否处在规定位置，然后开空车数分钟，观察机床是否正常运转。

⑥ 工作完毕，应将机床擦拭干净，并注润滑油。做到每天一小擦，每周一大擦，定期一级保养。

铣床的保养作业内容如下。

① 清洗、调整工作台、丝杠手柄及柱上镶条。

② 检查、调整离合器。

③ 清洗三向导轨及油毛毡，清洁电动机、机床内外部及附件。

④ 检查油路，加注各部润滑油。

⑤ 紧固各部螺丝。

6. 铣床的润滑

定期对铣床润滑是保养铣床的重要工作，X6132 型万能铣床上各注油润滑点位置如图 1-36 所示。必须定期注润滑油，润滑周期如表 1-1 所示。注油工具一般使用手捏式油壶。润滑油的油质，应清洁无杂质，一般使用 L-A N32 全损耗系统用油。

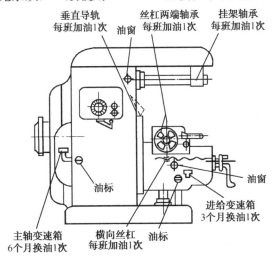

图 1-36　X6132 型万能铣床各注油润滑点位置

表 1-1　铣床的润滑周期

序号	注油周期	注油润滑位置
1	每班注油一次	① 垂向导轨处油孔是弹子油杯，注油时，将油壶嘴压住弹子后注入。 ② 纵向工作台两端油孔，各有一个弹子油杯，注油方法同垂向导轨油孔。 ③ 横向丝杠处，用油壶直接注射于丝杠表面，并摇动横向工作台，使整个丝杠都注到油。 ④ 导轨滑动表面，工作前、后擦净表面后注。 ⑤ 手动油泵在纵向工作台左下方，注油时，开动纵向机动进给，使工作台往复移动的同时，拉（或压）动手动油泵（每班润滑工作台 3 次，每次拉 8 回），使润滑油流至纵向工作台的运动部位
2	2 天注油一次	① 手动油泵池在横向工作台左上方，注油时，旋开油池盖，注入润滑油至油标线齐。 ② 挂架上油池在挂架轴承处，注油方法同手动油泵油池
3	6 个月换油一次	① 主轴传动箱油池，为了保证油质，6 个月调换一次，一般由机修人员负责。 ② 进给传动箱油池，换油情况同主轴传动箱油池
4	油量观察点	① 带油标的油池共有 4 个，即主轴传动箱、进给传动箱、手动油泵和挂架上油池。要经常注意油池内的油量，当油量低于标线时，应及时补足。 ② 观察油窗有两个，即主轴传动箱、进给传动箱。启动机床后，观察油窗是否有油流动，若没有应及时处理

1.3 铣刀选用及拆装

1.3.1 学习目标

1. 了解常用铣刀结构与用途。
2. 铣刀安装与拆卸。

1.3.2 相关工艺知识

1. 铣刀

铣刀是多刃刀具，常用的铣刀有圆柱铣刀、端铣刀、三面刃铣刀、T 形槽铣刀、键槽铣刀、凸半圆铣刀、离合器铣刀、锯片铣刀、镗孔刀、螺旋槽刀、齿轮铣刀等。在铣床上也可以加工孔，加工孔的刀具有麻花钻、扩孔刀、铰刀、镗刀等。

（1）面铣刀

端铣所用刀具为面铣刀，如图 1-37 所示。面铣刀适用于加工平面，尤其适合加工大面积平面。面铣刀的主切削刃分布在外圆柱面或外圆锥面上，其端面上的切削刃为副切削刃。

面铣刀可以用于粗加工，也可以用于精加工。为使粗加工时能取较大的切削深度、切除较大的余量，粗加工宜选较小的铣刀直径。精加工时应该避免精加工面上的接刀痕迹，所以精加工的铣刀直径要选大些，最好能包容加工面的整个宽度。

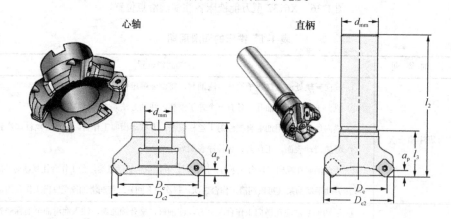

图 1-37　面铣刀

（2）三面刃铣刀

三面刃铣刀的外圆周和两边侧面都有切削刃，如图 1-38 所示。三面刃铣刀可以加工台肩面、沟槽等。

（3）立铣刀

立铣刀从结构上分为整体结构立铣刀（如图 1-39 所示）和镶齿可转位立铣刀（如图 1-40 所示），镶齿可转位立铣刀又分为方肩式（如图 1-40（a）所示）和长刃式（如图 1-40（b）所示），其中长刃式立铣刀也称作玉米立铣刀。

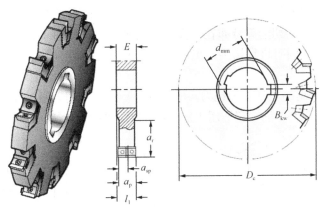

图1-38 三面刃铣刀

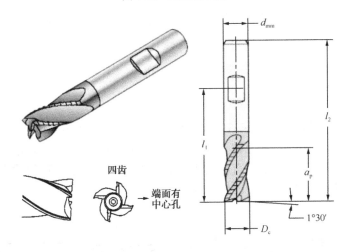

图1-39 整体结构立铣刀（端面中心有切削刃与中心无切削刃）

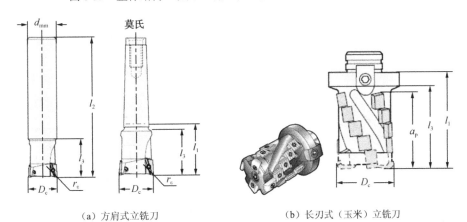

（a）方肩式立铣刀　　　　　（b）长刃式（玉米）立铣刀

图1-40 镶齿可转位立铣刀

立铣刀每个刀齿的主切削刃分布在圆柱面上，呈螺旋线形，其螺旋角为30°～45°，这样有利于提高切削过程的平稳性，将冲击减到最小，并可得到光滑的切削表面。

立铣刀每个刀齿的副切削刃分布在端面上，用来加工与侧面垂直的底平面。立铣刀的主切削刃和副切削刃可以同时进行切削，也可以分别单独进行切削。

（4）成型铣刀

图1-41所示为常见的几种成型铣刀。成型铣刀一般为专用刀具，即为某个工件或某项加工内容而专门制造（刃磨）的。它适用于加工特定形状面和特形的孔、槽，常用于型模加工。

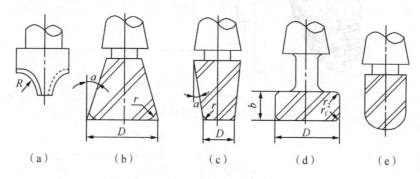

图1-41 成型铣刀

（5）麻花钻

麻花钻钻孔精度一般在IT12左右，表面粗糙度值 Ra 为 12.5μm。麻花钻分为高速钢钻头（如图1-42（a）所示）和硬质合金钻头（如图1-42（b）所示）。按麻花钻的柄部分类，分为直柄和莫氏锥柄，直柄一般用于小直径钻头，莫氏锥柄一般用于大直径钻头。按麻花钻长度分类，分为基本型和短、长、加长、超长等类型的钻头。

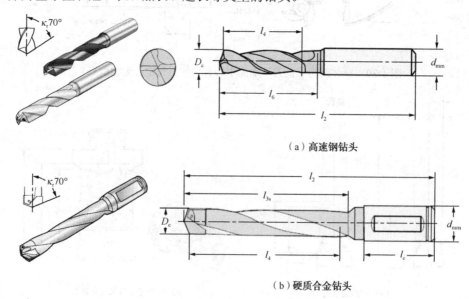

（a）高速钢钻头

（b）硬质合金钻头

图1-42 麻花钻

（6）扩孔钻

扩孔是对已钻出、铸（锻）出或冲出的孔进行进一步加工，多采用扩孔钻（如图1-43所示）加工，也可以采用立铣刀或镗刀扩孔。扩孔钻，一般为3～4个切削刃，切削导向性好；扩孔加工余量小，一般为2～4mm；容屑槽较麻花钻小，刀体刚度好；没有横刃，切削时轴向力小，所以扩孔钻的加工质量和生产率均优于钻孔。扩孔对于预制孔的形状误差和轴线的歪斜有修正能力，其加工精度可达IT10，表面粗糙度值 Ra 为6.3～3.2μm。

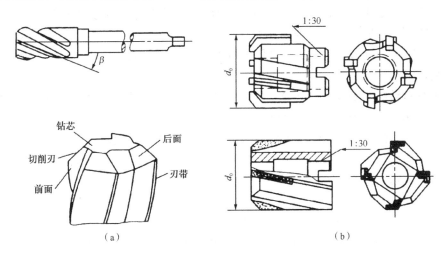

图1-43 扩孔钻

（7）铰刀

标准机用铰刀如图1-44所示。铰刀由工作部分、颈部和柄部组成。柄部形式有直柄、锥柄和套式三种。铰刀的工作部分（即切削刃部分）又分为切削部分和校准部分。铰孔是一种对孔进行半精加工和精加工的加工方法，其加工精度一般为IT9～IT6，表面粗糙度值 Ra 为1.6～0.4μm。但铰孔一般不能修正孔的位置误差，所以在铰孔之前，孔的位置精度应该由上一道工序保证。

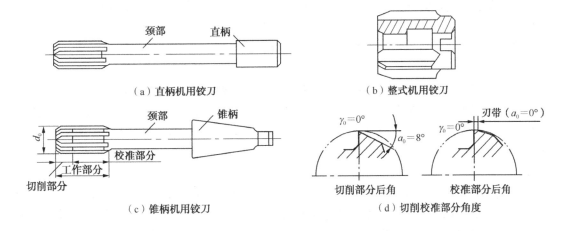

图1-44 机用铰刀

铰孔是对已加工孔进行微量切削，其合理切削用量为：背吃刀量取为铰削余量（粗铰余量为 0.015～0.35mm，精铰余量为 0.05～0.15mm），采用低速切削（粗铰钢件为 5～7m/min，精铰为 2～5m/min），进给量一般为 0.2～1.2mm/r（进给量太小会产生打滑和啃刮现象）。同时，铰孔时要合理选择冷却液，在钢材上铰孔宜选用乳化液，在铸铁件上铰孔有时用煤油。

2. 铣刀刀具材料

刀具材料主要是指刀具切削部分的材料。刀具材料是影响加工表面质量、切削效率和刀具寿命的基本因素，所以必须合理选择刀具材料。生产中使用的刀具材料有高速钢、硬质合金、陶瓷、金刚石、立方碳化硼等。常用的铣刀刀具材料有高速钢和硬质合金两种。

（1）高速钢

高速钢具有较高的硬度（热处理硬度可达 63～66HRC）和耐热性（600～650℃），切削碳钢时的切削速度一般不高于 50～60m/min；同时具有高的强度（其抗弯强度为一般硬质合金的 2～3 倍）和韧性，能抵抗一定的冲击振动。高速钢还具有较好的工艺性，可以制造刃形复杂的刀具，如钻头、丝锥、成型刀具、拉刀和齿轮刀具等。高速钢刀具可加工从碳钢到合金钢、从有色金属到铸铁等多种材料。

① 通用型高速钢。通用型高速钢工艺性能好，能满足通用工程材料的切削加工要求。常用通用型高速钢的种类有 W18Gr4V、W6MO5GR4V2。

② 高性能高速钢。高性能高速钢是在普通型高速钢中加入钴、钒、铝等元素，以进一步提高其耐磨性和耐热性。常用的高性能高速钢牌号有 W6Mo5Cr4V3（M3）、W2Mo9Cr4VCo8（M42）、W6Mo5Cr4V2Al（501）等。

（2）硬质合金

硬质合金是由硬度和熔点很高的金属碳化物（碳化钨 WC、碳化钛 TiC、碳化钽 TaC、碳化铌 NbC 等）和金属黏结剂（钴 Co、镍 Ni、钼 Mo 等）以粉末冶金法烧结而成的。硬质合金的硬度高达 HRA89～93，能耐 850～1000℃的高温，具有良好的耐磨性，允许的切削速度比高速钢高 4～10 倍（切削速度可达 100～300m/min 以上），可加工包括淬火钢在内的多种材料，因此获得了广泛应用。但是硬质合金抗弯强度低，冲击韧性差，工艺性差，较难加工，故不易做成形状复杂的整体刀具。在实际使用中，一般将硬质合金刀片焊接或机械夹固在刀体上使用。

常用的硬质合金有钨钴类（YG 类）、钨钛钴类（YT 类）和通用型硬质合金（YW 类）3 类。

① 钨钴类硬质合金（YG 类）。YG 类硬质合金主要由碳化钨和钴组成，常用的牌号有 YG3、YG6、YG8 等。YG 类硬质合金的抗弯强度和冲击韧性较好，不易崩刃，适宜切削呈崩碎切屑的铸铁等脆性材料；刃磨性较好，刃口可以磨得较锋利，故切削有色金属及合金的效果也较好。由于 YG 类硬质合金的耐热性和耐磨性较差，因此，一般不用于普通钢材的切削加工。

② 钨钛钴类硬质合金（YT 类）。YT 类硬质合金主要由碳化钨、碳化钛和钴组成，常用的牌号有 YT5、YT15、YT30 等，里面加入的碳化钛，增加了硬质合金的硬度、耐热性、抗黏结性和抗氧化能力。但由于 YT 类硬质合金的抗弯强度和冲击韧性较差，故主要用于切削呈带状切屑的普通碳钢及合金钢等塑性材料。

③ 钨钛钽（铌）钴类硬质合金（YW 类）。YW 类硬质合金在普通硬质合金中加入了碳化钽或炭化铌，从而提高了硬质合金的韧性和耐热性，使其具有较好的综合切削性能。常用的牌号有 YW1、YW2 等。YW 类硬质合金主要用于加工不锈钢、耐热钢、高锰钢，也适用于加工普通碳钢和铸铁，因此被称为通用型硬质合金。

国际标准化组织（ISO 513—1975（E））规定，将切削加工用硬质合金分为三大类，分别用 K、P、M 表示。

K 类适用于加工短切屑的黑色金属、有色金属和非金属材料，相当于我国的 YG 类硬质合金，外包装用红色标志。

P 类适用于加工长切屑的黑色金属，相当我国的 YT 类硬质合金，外包装用蓝色标志。

M 类适用于加工长、短切屑的黑色金属和有色金属，相当于我国的 YW 类硬质合金，外包装用黄色标志。

3. 铣刀的安装

在加工之前必须把刀具装夹在铣床上，铣床主轴前端是 7∶24 的锥孔，刀具通过该锥孔定位在主轴上。锥孔内备有拉杆，通过拉杆可将刀具拉紧。

（1）直柄铣刀的安装

直柄铣刀常采用弹簧夹头装夹，如图 1-45（a）所示。装夹直柄铣刀的步骤如下。

① 把弹簧夹头用棉纱擦拭干净，插入铣床主轴锥孔，用拉杆拉紧弹簧夹头，紧固拉杆螺母，将弹簧夹头固定在铣床主轴上。

② 把立铣刀用棉纱擦拭干净，插入弹簧套内，拧紧夹紧螺母，弹簧夹头径向收缩而将铣刀的直柄夹紧。

（2）锥柄铣刀的安装

锥柄铣刀的装夹步骤如下所述。

① 大尺寸铣刀的锥柄采用 7∶24 的锥度，与主轴锥孔尺寸相同，可把铣刀锥柄直接装入主轴锥孔，并用拉杆拉紧刀具。

② 小尺寸铣刀的锥柄采用莫氏锥度，与主轴锥孔尺寸不同，需要通过过渡锥套装夹刀具，即刀具安装在过渡锥套上，过渡锥套安装在主轴上，如图 1-45（b）所示。

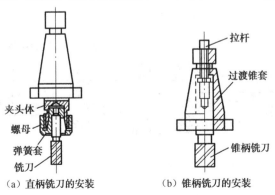

（a）直柄铣刀的安装　　　　（b）锥柄铣刀的安装

图 1-45　带柄铣刀的安装

（3）端铣刀的安装

带孔的端铣刀需要通过刀杆安装在主轴上，如图1-46（a）所示。端铣刀的刀杆上有定位键，刀杆下面有锁紧螺钉，以将端铣刀锁紧固定在刀杆上，如图1-46（b）所示。

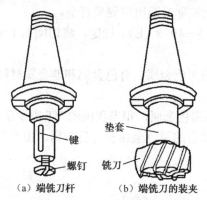

键
螺钉
（a）端铣刀杆

垫套
铣刀
（b）端铣刀的装夹

图1-46 端铣刀的安装

（4）带孔铣刀的安装

带孔铣刀需要采用铣床刀杆安装。卧式铣床刀杆如图1-47所示，首先将刀杆锥体一端插入主轴锥孔，用拉杆拉紧；然后通过套筒调整铣刀的合适位置，最后刀杆另一端安装在吊架上，用吊架支承。安装顺序如图1-48所示。

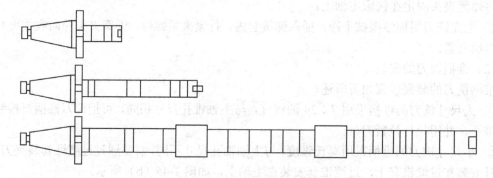

图1-47 卧式铣床刀杆

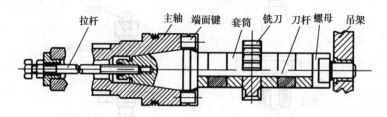

拉杆　主轴　端面键　套筒　铣刀　刀杆　螺母　吊架

图1-48 带孔铣刀在卧式铣床上的安装

安装带孔圆柱铣刀的步骤如下所述。

① 根据铣刀的孔径，选用合适的刀杆。

② 用拉紧螺杆把刀杆拉紧固定在主轴上。

③ 刀杆上先套上几个垫圈，调整铣刀位置。

④ 铣刀外边再套上几个垫圈，拧上螺母。

⑤ 装上支架，拧紧支架紧固螺母，轴承孔内加注润滑油。

⑥ 初步拧紧垫圈螺母，开车观察铣刀是否装正，装正后拧紧螺母。

1.3.3 实训项目——铣刀安装

● 圆柱带孔铣刀的安装、拆卸

● 锥柄铣刀的安装、拆卸

● 直柄铣刀的安装、拆卸

【操作步骤】

1. 铣刀展示

根据图 1-49 说出各铣刀名称、加工范围。

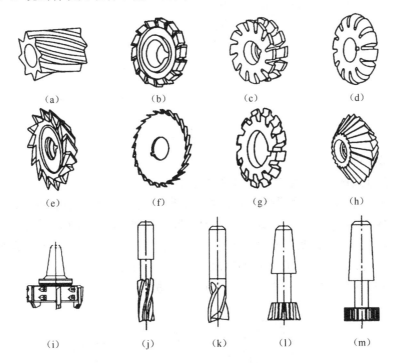

图 1-49 铣刀展示

（a）图，圆柱铣刀，铣削平面、垂直面、平行面。

（b）图，三面刃铣刀，铣削台阶面、沟槽面。

（c）图，凸形铣刀，铣削凹形面。

（d）图，凹形铣刀，铣削凸形面。

（e）图，单角铣刀，铣削单面角度，根据工件角度选择铣刀。

（f）图，片铣刀，铣削窄沟槽，切断工件。

（g）图，成型齿轮铣刀，铣削齿轮，根据齿轮模数、齿数选择铣刀。

（h）图，双角铣刀，铣削双面角度，根据工件角度选择铣刀。

（i）图，端铣刀，铣削平面。

（j）图，立铣刀，铣削沟槽、台阶面。

（k）图，键槽铣刀，铣削键槽。

（l）图，燕尾槽铣刀，铣削燕尾槽。

（m）图，T形槽铣刀，铣削T形槽。

2. 圆柱带孔铣刀的安装、拆卸

圆柱带孔铣刀（图1-50（a））和三面刃铣刀（图1-50（b））安装在卧式铣床上。

（a）圆柱带孔铣刀　　　　　　　　　　　　（b）三面刃铣刀

图1-50　圆柱铣刀

（1）圆柱带孔铣刀的装夹

带孔铣刀在卧式铣床上安装的操作步骤如下所述。

① 将床头的主轴安装孔用棉纱擦拭干净，按照刀具孔的直径选择标准刀杆。铣刀杆常用的标准尺寸有ϕ32mm、ϕ27mm、ϕ22mm。把刀杆推入主轴孔内。右手将铣刀杆的锥柄装入主轴孔，此时铣刀杆上的对称凹槽应对准床体上的凸键，左手转动主轴孔的拉紧螺杆（简称拉杆），使其前端的螺纹部分旋入铣刀杆的螺纹孔。用扳手旋紧拉杆（提示：用扳手紧固拉杆时必须把主轴转速放在空挡位并夹紧主轴），如图1-51所示。

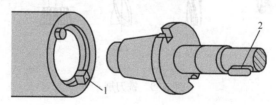

1—主轴；2—刀杆

图1-51　圆柱形带孔铣刀杆的安装

② 将刀杆口、刀孔、刀垫等擦拭干净，根据工件的位置选择合适尺寸的刀垫，推入刀杆，放好刀垫、刀具，旋紧刀杆螺母，如图1-52所示。铣刀的切削刃应和主轴旋转方向一致，在安装圆盘铣刀时，如锯片铣刀等，由于铣削力比较小，所以一般在铣刀与刀轴之间不安装键。

此时应使螺母旋紧的方向与铣刀旋转方向相反，否则当铣刀在切削时，将由于铣削力的作用而使螺母松开，导致铣刀松动。另外，若在靠近螺母的一个垫圈内安装一个键，则可避免螺母松动和拆卸刀具时螺母不易拧开的现象。

③ 将铣床横梁调整到对应的位置。双手握住挂架，将其挂在铣床横梁导轨上，如图1-53所示。

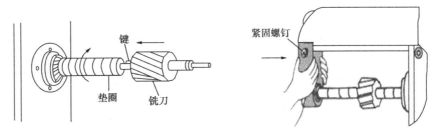

图 1-52　圆柱带孔铣刀的安装　　　　　　　图 1-53　安放挂架

④ 旋紧刀轴的螺母，把铣刀固定。需注意的是，必须把挂架装上以后，才能旋紧此螺母，以防把刀轴扳弯。用扳手旋紧挂架左侧螺母，再把刀杆螺母用扳手旋紧。把注油孔调整到过油的位置。在旋紧螺母时要把主轴开关放在空位挡，并把主轴夹紧开关置于夹紧位置，夹紧主轴（注意：手部不要碰到铣床横梁，避免碰伤），向内搬动扳手，如图1-54所示。

图 1-54　用扳手旋紧螺母

（2）圆柱带孔铣刀的拆卸

圆柱带孔铣刀和圆盘形铣刀的拆卸，基本按照安装过程反向操作。

① 松开铣刀。首先松开夹紧螺母，在旋松螺母时要把主轴开关放在空位挡，并把主轴夹紧开关放在夹紧位置（注意：手部不要碰到铣床横梁，避免手部碰伤），逆时针旋松螺母。

② 松开挂架。逆时针旋松挂架螺母，移出挂架。

③ 拆卸铣刀。将夹紧铣刀螺母旋下，移出铣刀刀垫，卸下铣刀。

④ 将移出铣刀刀垫安装回刀杆，旋上螺母。

⑤ 拆卸铣刀刀杆。松开拉杆螺母，轻击拉杆使铣刀刀杆松动，旋下拉杆，移出铣刀刀杆。

⑥ 将横梁移回原位。

3. 锥柄铣刀的安装、拆卸

锥柄铣刀（如图1-55所示）安装在立式铣床上。

(a) 7:24锥度的锥柄面铣刀　　　　　　　(b) 莫氏锥度的锥柄立铣刀

图1-55　锥柄铣刀

（1）锥柄铣刀的装夹

锥柄铣刀分为7:24锥度的锥柄面铣刀和莫氏锥度的锥柄立铣刀两种，见图1-55。

① 具有7:24锥度锥柄的铣刀（图1-55（a）），由于铣床主轴锥孔的锥度与铣刀柄部的锥度相同，所以只要把铣刀锥柄和主轴锥孔擦拭干净后，把立铣刀直接装在主轴上，用拉杆把铣刀紧固即可。

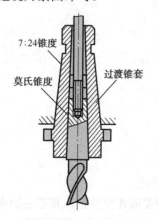

图1-56　锥柄铣刀通过过渡锥
套装夹在主轴上

② 对于莫氏锥度的锥柄铣刀（图1-55（b）），铣床主轴的锥孔与立铣刀的锥度不同，需要采用中间套过渡。中间套的内孔是莫氏锥度（或采用弹簧夹头），其外圆锥柄锥度为7:24，即中间套的锥孔与铣刀锥柄同号，而其外圆与机床主轴锥孔相同。所以通过中间套的过渡，就可以把铣刀安装在铣床主轴上，如图1-56所示。

（2）锥柄铣刀的拆卸

将上述锥柄铣刀的安装步骤进行反向操作，即可把锥柄铣刀拆卸下来。

① 旋松拉杆螺母，用手锤由上往下轻击拉杆，使铣刀或夹套松动。

② 用棉纱垫在夹套端面或铣刀上，以防铣刀刀刃划伤手。取下拉杆，拿下铣刀或夹套。

③ 卸下铣刀。用两块平行垫块垫住夹套端面，用手锤由上往下轻击，使铣刀松动，取下铣刀。或把拉杆旋上（拉杆使铣刀松动），然后旋松拉杆螺母使其脱离铣刀，取下铣刀。

4. 直柄铣刀的安装、拆卸

直柄铣刀（如图1-55（a）所示）安装在立式铣床上。

（1）直柄铣刀的安装

在立式铣床上采用弹簧夹头装夹直柄铣刀，如图1-57（b）所示。弹簧夹头的种类很多，结构大同小异，一般根据机床的型号选用。铣刀直柄放在弹簧夹头孔中，旋紧弹簧夹头螺母即可夹紧刀具。操作步骤如下所述。

① 根据直柄铣刀柄部的外圆尺寸选择一个弹簧夹头，其弹簧套的内孔尺寸与直柄铣刀柄部直径尺寸相同。

② 用棉纱擦拭干净直柄铣刀柄部和弹簧套接触面。将直柄铣刀刀柄放在弹簧夹头孔中，把弹簧夹头的夹紧螺母旋紧。

③ 开动铣床，检查铣刀的径向跳动是否符合要求。若跳动太大，则应拆下重新安装，并检查出造成跳动过大的原因。

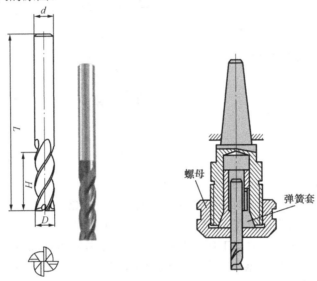

螺母

弹簧套

图 1-57　直柄立铣刀及其装夹

（2）直柄铣刀的拆卸

① 用夹头扳手松开夹紧螺母，用棉纱包住铣刀，用手将铣刀拔出即可。

② 如果要换夹不同柄部尺寸的直柄铣刀，则需把夹头的弹簧套取出，更换弹簧套的尺寸规格，否则卸下直柄铣刀后不用取出弹簧套。

1.4 铣床上工件的装夹

1.4.1 学习目标

掌握在铣床上装夹工件的方法。

1.4.2 相关工艺知识

在铣床上装夹工件时，最常用的两种方法是用平口钳和用压板装夹工件。对于较小型的工件，一般采用平口钳装夹；对较大的工件则多是在铣床工作台上用螺钉、压板来装夹。

1. 平口钳

（1）平口钳的种类

平口钳的种类很多，有固定式、回转式、自定心、V 形、手动液压等，其中固定式和回转式的应用最为广泛。图 1-58 所示为回转式机用平口钳。

平口钳的钳口可以制成多种形式，可在平口钳上更换不同形式的钳口，以装夹多种外形的工件，从而扩大平口钳的使用范围，如图 1-59 所示。

图 1-58　回转式机用平口钳

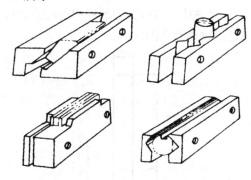

图 1-59　机用平口钳不同形式的钳口

（2）平口钳在铣床工作台上的安装

平口钳安装在铣床工作台上时需要占据正确的位置，通常以平口钳的固定钳口为基准，校正平口钳在工作台上的准确位置。多数情况下要求固定钳口表面与机床导轨运动方向平行，同时还要求固定钳口的工作面要与工作台面垂直。常用的找正方法如下所述。

① 用划针校正固定钳口，使其与铣床主轴轴线垂直。加工较长的工件时，一般采用固定钳口与铣床主轴轴线垂直的安装，此时可用划针校正钳口，如图 1-60 所示。将划针夹持在铣刀杆的垫圈间，使划针针尖靠近固定钳口，纵向移动工作台，观察并调正钳口位置，使划针针尖与固定钳口平面间的间隙大小均匀，并在钳口全长范围内间隙一致，此时固定钳口即与铣床主轴轴线垂直。紧固钳体后需再进行复检，以免紧固时平口钳发生位移。用划针校正的方法精度较低，常用于粗校正。

② 用直角尺找正，使固定钳口与铣床主轴轴心线平行。用 90° 角尺找正固定钳口的步骤是：将 90° 角尺的尺座底面紧靠在床身的垂直导轨面上，移动钳体使固定钳口平面与 90° 角尺尺苗的外测量面贴合，如图 1-61 所示，然后紧固钳体。紧固钳体后需再进行复检，以免紧固时平口钳发生位移。

③ 用百分表找正钳口位置。将磁力表座吸在铣床横梁导轨面上，使百分表测量触头与固定钳口面接触，并使测量触头微压缩 1mm 左右，水平纵向移动工作台，则可测出固定钳口与主轴轴心线的垂直度，用于找正固定钳口与主轴轴心线的垂直度，如图 1-62（a）所示；水平横向移动工作台，观察百分表的读数变化，即反映出平口钳固定钳口与主轴轴线的平行度，用于找正固定钳口与主轴轴线的平行度，如图 1-62（b）所示。找正时需要观察百分表读数，并调整平口钳位置。平口钳至正确位置后需轻紧固钳体，复检合格后，再用力紧固钳体。此法用于需要加工较高精度的工件时平口钳的定位。

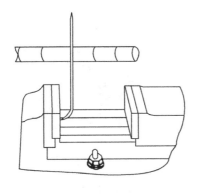

图 1-60 用划针找正

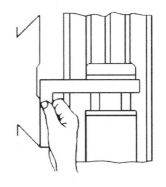

图 1-61 用直角尺找正

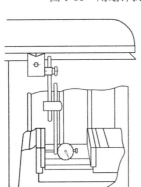

（a）找正固定钳口与主轴轴心线垂直

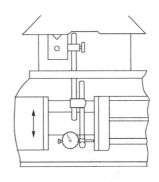

（b）找正固定钳口与主轴轴心线平行

图 1-62 用百分表找正钳口位置

（3）工件在平口钳上的装夹

① 选择毛坯件上一个大而平整的毛坯作粗基准，将其靠在固定钳口面上。在钳口与工件之间垫上铜皮，以防钳口损伤。用划线盘校正毛坯上的平面位置，符合要求后夹紧工件。校正时，工件不宜夹得太紧。

② 以平口钳的固定钳口面作为定位基准时，将工件的基准面靠向固定钳口面，并在其活动钳口与工件间放置一圆棒。圆棒要与钳口的上表面平行，其位置应在工件被夹持部分高度的中间偏上。通过圆棒夹紧工件，能保证工件基准面与固定钳口面的密合，如图 1-63 所示。

③ 以钳体导轨平面作为定位基准时，将工件的基准面靠向钳体导轨面，在工件与导轨面之间要加垫平行垫铁。为了使工件基准面与导轨面平行，可用手试移垫铁。当垫铁不再松动时，表明垫铁与工件、同时垫铁与水平导轨面三者密合较好。敲击工件时，用力要适当，并逐渐减小。用力过大，会因产生的反作用力而影响水平垫铁的密合，如图 1-64 所示。

（4）用平口钳装夹工件的注意事项

① 在铣床上安装平口钳时，应擦净钳座底面、铣床工作台台面；装夹工件时，应擦净钳口平面、钳体导轨面及工件表面。

② 为使夹紧可靠，应尽量使工件与钳口工作面的接触面积大些。夹持短于钳口宽度的工件时应尽量应用中间均等部位。

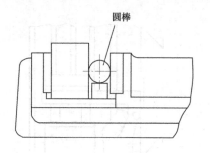

图 1-63　用圆棒装夹工件

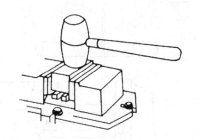

图 1-64　用铜锤校正工件

③ 装夹工件时，工件待铣去的余量层应高出钳口上平面，但不宜高出过多，高出的高度以铣削时铣刀不接触钳口上平面为宜。

④ 用平行垫铁在平口钳上装夹工件时，所选用垫铁的平面度、平行度、相邻表面的垂直度应符合要求。垫铁表面应具有一定的硬度。

⑤ 装夹较长工件时，可用两台或多台平口钳同时夹紧，以保证夹紧可靠，并防止切削时发生振动。

⑥ 要根据工件的材料、几何廓型确定适当的夹紧力，不可过小，也不能过大。不允许任意加长平口钳手柄。

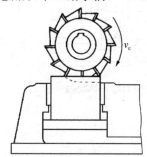

图 1-65　水平铣削分力指向

⑦ 在铣削时，应尽量使水平铣削分力的方向指向固定钳口，如图 1-65 所示。

⑧ 夹持表面光洁的工件时，应在工件与钳口间加垫片，以防止划伤工件表面。夹持粗糙毛坯表面时，也应在工件与钳口间加垫片，这样做既可以保护钳口，又能提高工件的装夹刚性。垫片可用铜或铝等软质材料制作，加垫片后不应影响工件的装夹精度。

⑨ 为提高回转式平口钳的刚性、增加切削稳定性，可将平口钳底座取下，把钳身直接固定在工作台上。

2．使用压板装夹工件

利用压板螺钉机构，通过机床工作台的 T 形槽，可以把工件、夹具或其他机床附件固定在工作台上。压板螺钉机构如图 1-66 所示。

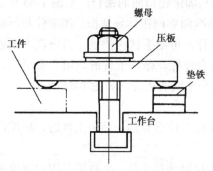
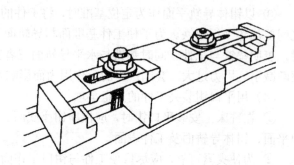

图 1-66　压板螺钉机构

使用压板装夹工件时，利用找正法使工件定位，即用百分表打表，使工件直边平行于机床导轨。然后用螺钉、压板把工件压紧在工作台上，注意事项如表 1-2 所示。此外，还需注意以下几点。

表 1-2 压板螺钉机构使用中的正误比较

正　确	错　误	说　明
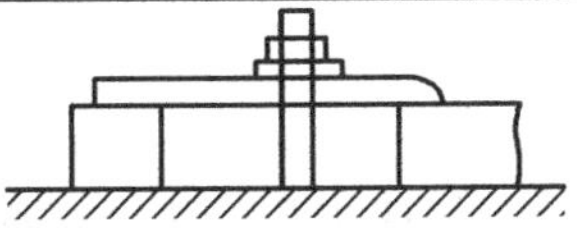	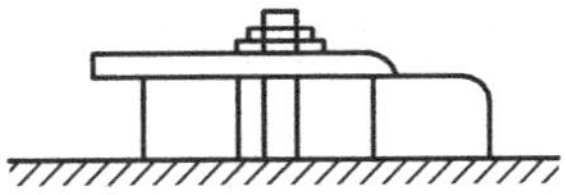	压板螺钉应尽量靠近工件而不是靠近垫铁，以获得较大的压紧力
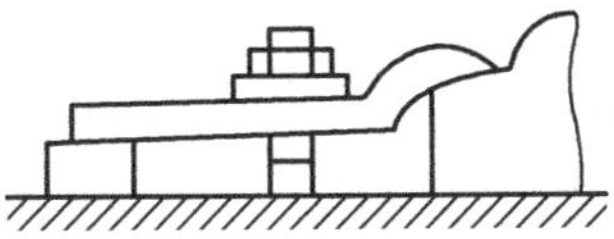	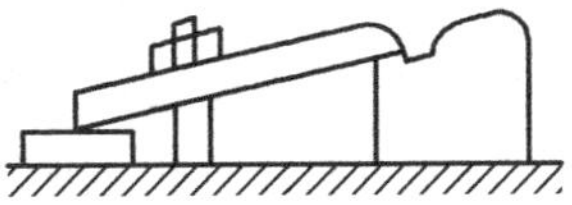	垫铁的高度应与工件的被压点高度相同，并允许垫铁高度略高一些。用平压板时，垫铁高度不允许低于工件被压点的高度，以防止压板倾斜，削弱夹紧力
	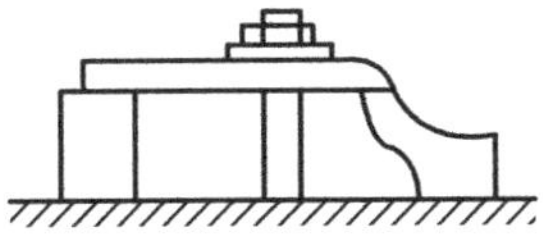	压板的数目不得少于两个，而且压板要压在工件上的实处。若工件下面悬空时，则必须附加垫片或用千斤顶支承
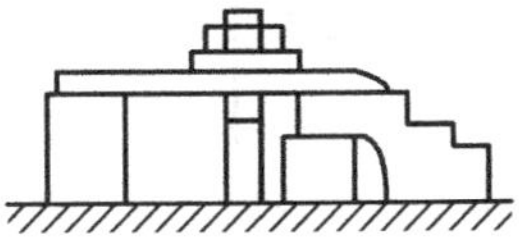	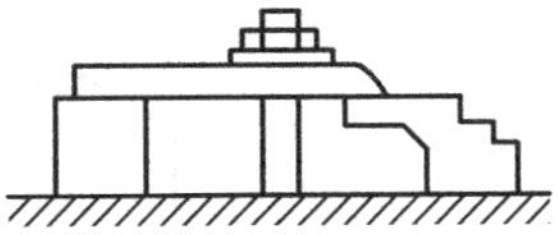	
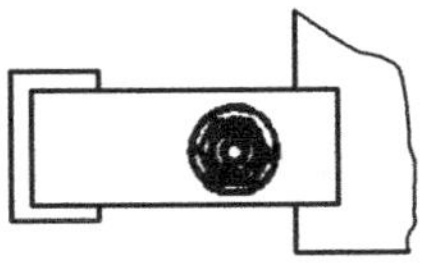	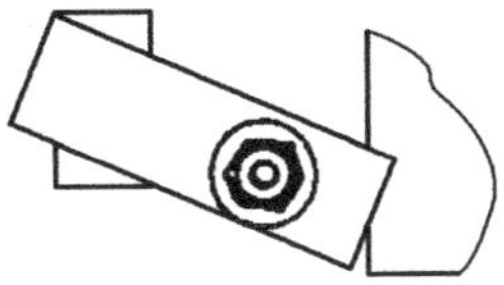	

① 根据工件的形状、刚性和加工特点确定夹紧力的大小，既要防止由于夹紧力过小造成工件松动，又要避免夹紧力过大使工件变形。一般精铣时的夹紧力小于粗铣时的夹紧力。

② 如果压板夹紧力的作用点在工件已加工表面上，则应在压板与工件间加铜质或铝质垫片，以防止工件表面被压伤。

③ 在工作台面上夹紧毛坯工件时，为保护工作台面，应在工件与工作台面间加垫软金属垫片。如果在工作台面上夹紧较薄且有一定面积的已加工表面时，可在工件与工作台面间加垫纸片以增加摩擦，这样做可提高夹紧的可靠性，同时保护了工作台面。

3．V 形块的使用

（1）装夹轴类工件时选用 V 形块的方法

常见的 V 形块夹角有 90°和 120°的两种槽形。无论使用哪一种槽形，在装夹轴类工件时均应使轴的定位表面与 V 形块的 V 面相切，根据轴的直径选择 V 形块口宽 B 的尺寸，如图 1-67 所示。V 形槽的槽口宽 B 应满足公式：$B > d\cos\dfrac{\alpha}{2}$。

简化公式为：当 $\alpha=90°$ 时，$B > \dfrac{\sqrt{2}}{2}d$ 或 $B > 0.707\,d$；

当 $\alpha=120°$ 时，$B > \dfrac{1}{2}d$ 或 $B > 0.5\,d$。

选用较大的 V 形角有利于提高轴在 V 形块的定位精度。

（2）在机床工作台上找正 V 形块的位置

在机床工作台上正确安装 V 形块的位置，即要求 V 形槽的方向与机床工作台纵向或横向进给方向平行。安装 V 形块时将百分表座及百分表固定在机床主轴或床身某一适当位置，使百分表测头与 V 形块的一个 V 形面接触，纵向或横向移动工作台即可测出 V 形块与（工作台纵向或横向）移动方向的平行度，如图 1-68 所示。并根据所测得的数值调整 V 形块的位置，直至满足要求为止。一般情况下，平行度的允许值为 0.02/100mm。

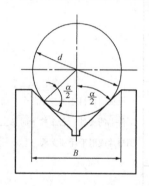

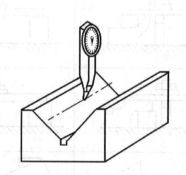

图 1-67　V 形块 V 形口宽的选择　　　　图 1-68　在工作台上找正 V 形块位置

（3）用 V 形块装夹轴类工件时注意事项

① 注意保持 V 形块两 V 形面的洁净，无鳞刺、无锈斑，使用前应清除污垢。

② 装卸工件时防止碰撞，以免影响 V 形块的精度。

③ 使用时，在 V 形块与机床工作台及工件定位表面间，不得有棉丝毛及切屑等杂物。

④ 根据工件的定位直径，合理选择 V 形块。

⑤ 校正好 V 形块在铣床工作台上的位置（以平行度为准）。

⑥ 尽量使轴的定位表面与 V 形面多接触。

⑦ V 形块的位置应尽可能地靠近切削位置，以防止切削振动使 V 形块移位。

⑧ 使用两个 V 形块装夹较长的轴件时，应注意调整好 V 形块与工作台进给方向的平行度，以及轴心线与工作台台面的平行度。

4．三爪卡盘的使用

三爪卡盘属于自定心夹具，用于装夹轴类和盘类工件，利用工件的端面和圆柱面定位。如图 1-69 所示，卡盘壳体 2 的端面和卡爪 3 与工件接触的部位是定位部分，卡爪 3 共有三件，与卡盘上的工字型槽标号相对应标有 1、2、3 的记号。三爪卡盘的卡爪有正爪和反爪，适用于不同直径的轴类或盘类工件装夹。可直接将三爪卡盘安装在工作台和回转工作台台面上，用于装夹轴类或盘套类工件。

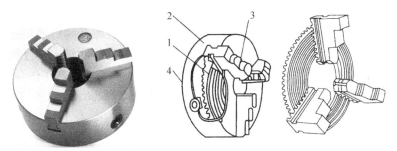

1—大锥齿轮；2—卡盘壳体；3—卡爪；4—卡盘后盖

图1-69　三爪自定心卡盘的组成

5. 万能分度头

分度头也称万能分度头，其结构如图1-70所示。它作为铣床的重要附件之一，能对工件进行任意的圆周等分或直线移距分度；能在-6°～+90°的范围内，将工件轴线装夹成水平、垂直或倾斜的位置；通过配换齿轮，可使分度头主轴随纵向工作台的进给运动作连续旋转，以铣削螺旋面和等速凸轮的型面。

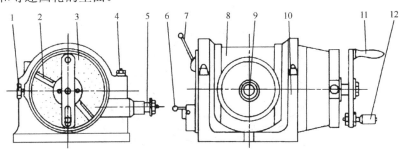

1—分度盘紧固螺钉；2—分度叉；3—分度盘；4—螺母；5—侧轴；6—螺杆脱落手柄；
7—主轴锁紧手柄；8—回转体；9—主轴；10—基座；11—分度手柄；12—分度定位销

图1-70　万能分度头

利用万能分度头装夹工件时，要根据工件的形状和加工要求选择装夹形式。也可以把三爪自定心卡盘安装在分度头上。三爪自定心卡盘安装在分度头上使用时需采用连接盘，如图1-71所示。连接盘与分度头主轴通过锥面配合定位，用内六角螺钉连接固定。连接盘与卡盘壳体通过台阶圆柱面定位，用内六角螺钉连接固定。

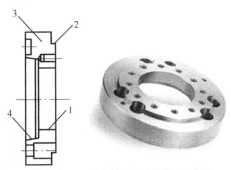

1—主轴孔；2—圆柱面；3—连接盘；4—锥面

图1-71　连接盘

6. 回转盘

（1）回转工作台的种类

回转工作台简称转台，其主要功用是铣削圆弧曲线外形、平面螺旋槽和分度。回转工作台有机动回转工作台、手动回转工作台、立卧回转工作台、可倾回转工作台和万能回转工作台等多种类型。常用的是立轴式手动回转工作台（图 1-72）和机动回转工作台（图 1-73），又称机动手动回转工作台。常用回转工作台的型号有 T12160、T12200、T12250、T12320、T12400、T12500 等。机动回转工作台型号有 T11160 等。

1—锁紧手柄；2—底座；3—偏心套锁紧螺钉；4—偏心销；5—工作台；6—定位台阶圆与锥孔

图 1-72　手动回转工作台

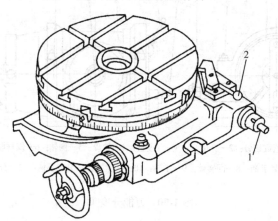

1—传动轴；2—离合器手柄

图 1-73　机动回转工作台

（2）回转工作台的外形结构和传动系统

在图 1-72 中，回转工作台 5 的台面上有数条 T 形槽，供装夹工件和辅助夹具穿装 T 形螺栓用，工作台的回转轴上端有定位圆台阶孔和锥孔 6，工作台的周边有 360° 的刻度圈，在底座 2 上有 "0" 线刻度，供操作时观察工作台的回转角度。

底座前面左侧的手柄 1 可锁紧和松开回转工作台。使用机床工作台作直线进给切削时，应锁紧回转工作台，使用回转工作台作圆周进给铣削或分度时，应松开回转工作台。

底座右侧的手轮与蜗杆同轴连接，转动手轮使蜗杆旋转，从而带动与回转工作台主轴连接的蜗轮旋转，以实现装夹在工作台上的工件作圆周进给和分度运动。手轮轴上装有刻度盘，若蜗轮是 90 齿，则刻度盘一周为 4°，每一格的示值为 $4°/n$，n 为刻度盘的刻度格数。

偏心销 4 与穿装蜗杆的偏心套连接，如松开偏心套锁紧螺钉 3，使偏心销 4 插入蜗杆副啮合定位槽或脱开定位槽，可使蜗轮蜗杆处于啮合或脱开位置。当蜗轮蜗杆处于啮合位置时应锁紧偏心套，处于脱开位置时，可直接用手推动转台旋转至所需要位置。

在图 1-73 中，机动回转工作台与手动回转台的结构基本相同，主要区别是能利用万向联轴器，由机床传动装置通过传动齿轮箱带动传动轴使转台旋转，不需要机动时，将离合器手柄处于中间位置，直接转动手轮进行手动操作。机动操作时，逆时针扳动或顺时针扳动离合器手柄，可使回转工作台获得正、反方向的机动旋转。在回转工作台的圆周中部圈槽内装有机动挡铁，调节挡铁的位置，可利用挡铁推动拨块，使机动旋转自动停止，用于控制圆周进给的角位移行程位置。

1.4.3 实训项目——装夹工件练习

● 用平口钳装夹工件。
● 用螺钉、压板装夹工件。

【操作步骤】

1. 用平口钳装夹工件

在一个 160mm×25mm×30mm 的矩形截面的工件上，铣一个深 20mm、宽 14mm 的纵向通槽，在卧式铣床上装夹该工件。

矩形坯件，外形尺寸不大，宜采用平口钳装夹。考虑到工件厚度不大，应采用平行垫铁，垫高工件，使工件高出钳口。

（1）坯件检验

① 目测检验坯件的形状和表面质量，如各面之间是否基本平行、垂直，表面是否有无法通过铣削加工的凹陷、硬点等。

② 用钢直尺检验坯件的尺寸，并结合各毛坯面的垂直和平行情况，测量最短的尺寸，以检验坯件是否有足够的加工余量。

（2）安装机用平口钳

① 安装前将平口钳的底面与工作台面擦干净，若有毛刺、凸起，应用油石修磨平整。

② 检查平口钳底部的定位键是否紧固，定位键定位面是否同一方向安装。

③ 将平口钳安装在工作台中间的 T 形槽内，钳口位置居中，并用手拉动平口钳底盘，使定位键向 T 形槽一侧贴合，校准平口钳的固定钳口，使之与工作台的一个导轨的进给方向平行。

④ 用 T 形螺栓将平口钳压紧在工作台面上。

（3）装夹工件

① 使工件的定位基准面与固定钳口及平垫铁很好地贴合。

② 注意合理地确定工件在平口钳上的夹紧部位，防止在铣出槽后，由于刚性低，工件在夹紧力作用下变形，出现夹刀现象。正确的夹紧部位应选在槽底附近，如图 1-74 所示。

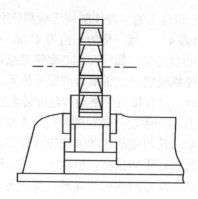

图 1-74　铣深槽时工件在平口钳上的装夹

2．用压板装夹工件

加工后零件尺寸为 300mm×300mm×40mm，如图 1-75 所示。矩形坯件，其上、下平面已经加工完，本工序在 X6132 型卧式铣床上铣削四周平面，材料 45 钢。

选用螺钉、压板装夹工件。为保证工件的平行度、垂直度要求，可采用靠铁为铣平行面、垂直面定位。

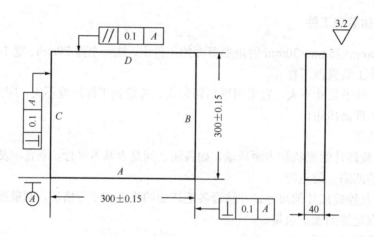

图 1-75　用压板装夹工件的零件图

（1）划线，并检验坯件

① 目测检验坯件的形状和表面质量，如各面之间是否基本平行、垂直，表面是否有无法通过铣削加工的凹陷、硬点等。

② 划线，同时验查坯件的尺寸，并结合各毛坯面的垂直和平行情况，测量最短的尺寸，以检验坯件是否有足够的铣削余量。

（2）安装靠铁

① 安装前，将靠铁的底面与工作台面擦干净，若有毛刺、凸起，应用油石修磨平整。

② 将定位靠铁放在工作台一侧，留出工件装夹位置，用百分表找正靠铁，横向平行。

③ 用 T 形螺栓压板将靠铁压紧在工作台面上。

（3）装夹和找正工件

对于 310mm×310mm×40mm 的毛坯工件，将比较平整的一面放在工作台面上，工件较平整的一侧与靠铁贴合，用 T 形螺栓、压板将工件压紧在工作台面上。对于工件铣削一面，工件加工余量要探出工作台，并且要加上不能铣碰工作台的余量 10mm。

（4）铣刀的安装

选用 ϕ100mm 合金端铣刀，刀片材料为 YT15，横向装夹在主轴上，用拉杆拉紧刀具。

（5）工件的铣削

工件为 300mm×300mm×40mm 的方形工件，上下两大面不加工，用靠铁定位的方法按顺序铣平面 $A—B—C—D$。

 思考题1

1. 铣床可分为哪两大类？各有什么特点？
2. 铣削加工的主要工作内容有哪些？
3. 铣床常用工具有哪些？怎样分类，并举例说明。
4. 铣床常用量具有哪些？
5. 为什么要把安全生产放在第一位？
6. 常用铣床的类型有哪些？本书主要介绍的是什么铣床？
7. 维护和保养好铣床有哪些益处？
8. 铣刀的种类有哪些？试述常用铣刀材料。
9. 高速钢铣刀有什么特点？
10. 硬质合金刀有什么特点？
11. 安装铣刀、拆卸铣刀有什么不同，应注意哪些方面？
12. 简述铣床上常用工件的装夹方法。

第2章

铣削平面及连接面

按照工件上的平面与工件定位基准间的位置关系，把平面分为平行平面、垂直平面和斜平面。铣削平面是铣床最基本的加工功能，本章讲解铣削各种平面的工艺知识，以及铣削平面所需的铣床操作技能。

 学习目标

- 掌握铣削平行平面的方法。
- 掌握长方体工件铣削工艺，掌握长方体工件铣削工步步骤。
- 掌握在铣床上铣削斜面的方法。
- 掌握铣削用量选择及应用。
- 掌握切削液选择及应用。

2.1 铣削平面

2.1.1 相关工艺知识

1. 铣削方式

铣削加工方式分为端铣和周铣、逆铣和顺铣。

（1）周铣法

用分布于铣刀圆柱面上的刀齿铣削工件表面，称为周铣，如图 2-1 所示。周铣有两种铣削方式：逆铣和顺铣。铣削时，铣刀切入工件时的切削速度方向与工件进给方向相反，称为逆铣，如图 2-2（a）所示；铣削时，铣刀切出工件时的切削速度方向与工件进给方向相同，称为顺铣，如图 2-2（b）所示。下面从两个方面比较顺铣和逆铣的特点。

① 铣削厚度的变化影响。逆铣时，刀齿的切削厚度由薄到厚。刀刃初接触工件时，由于侧吃刀量几乎为零，所以刃口先是在工件已加工表面上滑行，滑到一定距离，刀刃才能切入工件。刀齿的滑行对已加工表面的挤压，使工件表面产生冷硬层，工件表面粗糙度值增高，同时使刀刃磨损加剧。顺铣时，刀齿的切削厚度由厚到薄，故没有上述缺点。

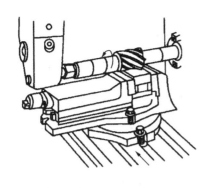

图 2-1　周铣法

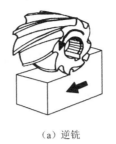

（a）逆铣

（b）顺铣

图 2-2　顺铣与逆铣

② 切削力方向的影响。顺铣时，铣削力的纵向（水平）分力的方向与进给力方向相同，如果丝杠螺母传动副中存在背向间隙，则当纵向分力大于工作台与导轨间的摩擦力时，会使工作台连同丝杠沿背隙窜动，使由螺纹副推动的进给运动变成由铣刀带动工作台窜动，引起进给量突然变化，影响工件的加工质量，严重时会使铣刀崩刃；逆铣时，铣削力的纵向分力的方向与进给力方向相反，使丝杠与螺母能始终保持在螺纹的一个侧面接触，工作台不会发生窜动。

顺铣时刀齿每次都是从工件外表面切入金属材料，所以不宜用来加工有硬皮的工件。

实际上，顺铣与逆铣比较，顺铣加工可以提高铣刀耐用度 2～3 倍，降低工件表面粗糙度值，尤其在铣削难加工材料时，效果更加明显。但是，采用顺铣，首先要求铣床有消除工作台进给丝杠螺母副间隙的机构，能消除传动间隙，避免工作台窜动。其次要求毛坯表面没有硬皮，工艺系统有足够的刚度。如果具备以上条件，则应当优先考虑采用顺铣，否则应采用逆铣。目前，生产中采用逆铣加工方式的比较多。

（2）端铣法

用分布于铣刀端平面上的刀齿进行铣削的称为端铣，如图 2-3 所示。端铣法的特点：主轴刚度好，切削过程中不易产生振动；端铣刀刀盘直径大，刀齿多，铣削过程比较平稳；端铣刀易于采用硬质合金可转位刀片，可以采用较高的切削速度，所以铣削用量大，生产率高；端铣刀还可以利用修光刃获得较低的表面粗糙度值。目前，在平面铣削中，端铣基本上代替了周铣，但周铣可以加工成型表面和组合表面。

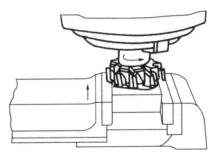

图 2-3　端铣法

2．切削液及其选用

切削时，会产生切削热，使刀具和工件被切处温度很高，磨损加快。使用切削液能显著延长刀具的寿命和提高加工质量，并能降低切削力及提高生产率。

（1）切削液的种类

切削液一般要无损于人体健康，对机床无腐蚀作用，不易燃，吸热量大，润滑性能好，不易变质，并且价格低廉，适合大量采用。切削液的种类很多，按其性质可分为三大类：

水溶液。水溶液的主要成分是水，故冷却性能很好，使用时，一般加入一定量的水溶性防锈添加剂。由于水溶液流动性大，价格低廉，所以应用较广泛。

乳化液。乳化液是将乳化油用水稀释而成的。这种切削液具有良好的冷却性能，但润滑、防锈性能较差，使用时常加入一定量的防锈添加剂和极压添加剂。

切削油。切削油的主要成分是矿物油（柴油和全损耗系统用油等），也可选用植物油（菜油和豆油等），硫化油和其他混合油等油类。这类切削液的比热容低，流动性差，是一种以润滑为主的切削液。使用时，亦可加入油性防锈添加剂，以提高其防锈和润滑性能。

（2）切削液的作用

冷却作用。采用切削液可以从两个方面降低切削温度：一方面减少刀具与工件、切屑间的摩擦；另一方面能将已产生的切削热从切削区域迅速带走。冷却作用主要是指后一方面。

润滑作用。采用切削液可以减少切削过程中的摩擦。如果其润滑性能良好，能减少切削力，显著提高表面质量和刀具寿命。

防锈作用。切削液能起到防锈作用，使机床、工件、刀具不受周围介质（如空气、水分、手汗等）的腐蚀。

清洗作用。切削液能起到清洗作用，防止细碎的切屑及砂粒粉末等污物附着在工件、刀具和机床工作台上，影响工件表面质量、机床精度和刀具寿命。

（3）切削液的合理选用

切削液的选用主要应根据工件材料、刀具材料和加工性质来确定，选用时，应根据不同情况有所侧重。

粗加工时，由于切削量大，所产生高的热量较多，切削区域温度容易升高，而且对表面质量的要求不高，因此，应选用以冷却为主，并具有一定润滑、清洗和防锈作用的切削液，如水溶液和乳化液等。

精加工时，由于切削量少，所产生的热量也较少，而对工件表面的质量要求较高，因此应选用以润滑为主并具有一定冷却作用的切削液，如切削油。

在铣削铸铁等脆性金属时，因为它们的切屑呈细小颗粒状，和切削液混在一起，容易黏结和堵塞铣刀、工件、工作台、导轨及管道，从而影响铣刀的切削性能和工件的加工质量，所以一般不加切削液。在用硬质合金铣刀进行高速切削时，由于刀具耐热性能好，故也可不用切削液。

（4）在使用切削液时，为了能得到良好的效果，应注意以下几点。

① 要冲注足够的切削液，使铣刀充分冷却，尤其是在铣削速度较高和粗加工时，此点更为重要。

② 铣削一开始就应立即加切削液，不要等到铣刀发热后再冲注，否则会使铣刀过早磨损，并可能会使铣刀产生裂纹。

③ 切削液应浇注在从工件上切削分离下来的部位，即冲注在热量最大，温度最高的地方。

④ 应注意检查切削液的质量，尤其是乳化液，使用变质的切削液往往不能达到预期的效果。

2.1.2　实训项目——铣平面

铣削工件上表面，保证加工精度，如图 2-4 所示。

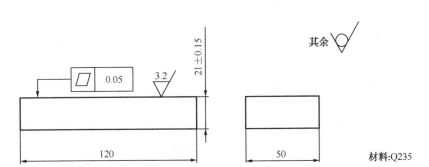

图2-4　铣削平面零件图

【操作步骤】

1．平面铣削加工工艺准备

（1）分析图纸

① 加工精度分析。加工平面的尺寸为120mm×50mm，平面度公差为0.05mm。

② 选择毛坯。毛坯是尺寸为130mm×60mm×30mm的矩形体。

③ 工件材料：Q235碳素结构钢。材料的切削性能好，可选用高速钢铣刀，也可以选用硬质合金铣刀。

④ 形体分析。矩形坯件，外形尺寸不大，宜采用机用平口钳装夹。

（2）制订铣削加工工艺、工艺准备

① 平面加工工序过程。根据图纸的精度要求，本工序拟在立式铣床上采用机夹式硬质合金端铣刀进行加工，加工过程：坯件测量→安装机用平口钳→装夹工件→安装机夹式硬质合金端铣刀→粗铣平面→精铣平面→检验平面。

② 选择铣床。选用XW5032C型立式铣床。

③ 选择工件装夹方式。选择机用平口钳装夹工件。考虑到毛坯工件比较薄，故采用平行垫铁垫高工件，保证工件高出平口钳10mm。

④ 选择刀具。根据图纸给定的平面宽度尺寸，选择机夹式硬质合金端铣刀，其规格外径为　80mm，齿数为4。

2．工件加工

（1）坯件检验

检验坯件的形状和表面质量，检查工件是否有凹陷加工余量，加工余量是否够用。

（2）安装机用平口钳

① 安装前，将机用平口钳的底面与工作台面擦干净，若有毛刺、凸起，应用磨石修磨平整。

② 检查平口钳底部的定位键是否紧固，定位键定位面是否同一方向安装。

③ 平口钳安装在工作台中间的T形槽内，钳口位置居中。用手拉动平口钳底盘，使定位键向T形槽一侧贴合。

④ 用T形螺栓将机用平口钳压紧在工作台面上。

（3）装夹和找正工件

用铜锤敲击工件，使工件与垫铁贴合。其高度应保证工件加工余量上平面高于钳口。

（4）安装铣刀

铣刀安装的步骤同第 1 章介绍的铣刀安装的步骤。

（5）切削用量的选择

① 粗铣。取铣削速度 v_c=80m/min，每齿进给量 f_z=0.15mm/z，主轴转数为：

$$n=\frac{1000v_c}{\pi D}=\frac{1000\times 80m/min}{3.14\times 80}\approx 318r/min$$

$$v_f=f_z zn=0.15\times 4\times 375=225mm/min$$

实际调整主轴转数 n=300r/min。每分钟进给量 v_f=205mm/min。

② 精铣。取铣削速度 v_c=100m/min，每齿进给量 f_z=0.10mm/z，主轴转数 n=475mm/min，每分钟进给量 v_f=190mm/min。

③ 粗铣时的背吃刀量为 3mm，精铣时的背吃刀量为 1mm，铣削宽度一次完成。

（6）对刀、粗铣、精铣平面

① 启动主轴，调整工作台，使铣刀处于工件上方，对刀时轻轻擦到毛坯表面，然后铣刀退出。

② 纵向退刀后，按粗铣吃刀量 3mm 上升工作台，用纵向进给铣去切削余量。

③ 检验工件余量，按余量上升工作台，用纵向进给精铣去切削余量。

④ 用刀口形直尺检验工件平面的平面度。

⑤ 用游标卡尺检验 12mm 厚度尺寸。

2.2 铣削平行面和垂直面

工件上与基准平面或直线平行的平面称为平行面，与基准平面或直线垂直的平面称为垂直面。

2.2.1 相关工艺知识

1. 铣削平行面工件的装夹

铣削平行面时工件的装夹影响加工位置精度，为保证铣出的平面与设计基准面平行，装夹的工件必须保证设计基准面与工作台面平行。

（1）利用平口钳装夹工件

在立式铣床上采用平口钳装夹工件，加工后保证加工面（上表面）与底面平行。

工件上有垂直于底面的平面时，利用垂直于底面的平面进行装夹。可将垂直于底面的平面与固定钳口贴合，然后用铜锤轻敲顶面，使工件底面（设计基准面）与平口钳导轨上的垫铁面贴合，如图2-5所示。这时铣出的工件顶面即与底面（基准面）平行。

当工件上没有与基准面垂直的平面时，应设法使基准面与工作台面平行。若在平口钳上装夹工件，则下面最好垫两块等高的平行垫铁，如图 2-5 所示。必要时，可在固定钳口的下部或上部垫铜皮或纸片。夹紧时，用铜锤轻敲工件顶面，使基准面与垫铁面紧贴，从而底面（基准面）与机床工作台面平行。

（2）用压板装夹工件

当工件侧面垂直于底面时，可以利用侧平面定位，用压板把工件直接装夹在卧式铣床的工作台上，如图 2-6 所示。此时采用定位块使工件侧面定位，安装定位块时应使定位块的垂直面与工作台面垂直并与进给方向平行。这时铣削的工件侧面与定位用的侧面（基准面）平行。采用这种装夹方式，装夹的定位误差与工件侧面的垂直度密切相关，因而在加工前必须预先检查工件侧面与底面的垂直度，若误差太大则应进行校正。

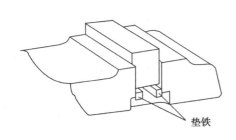

图 2-5　垫铁装夹铣平行面

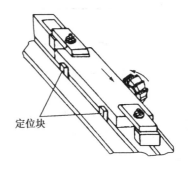

图 2-6　定位块装夹铣平行面

当工件上有可供压板直接压紧的台阶面时，可将工件直接装夹在工作台上。如图 2-7 所示，使底面（基准面）与工作台面贴合，然后在立式铣床上铣削的工件上表面与底面平行。

2．铣削垂直面工件的装夹

铣削垂直面工件的装夹，就是要保证铣出的平面与基准面垂直。用圆柱铣刀，在卧式铣床上铣出的平面和用端铣刀在立式铣床上铣出的平面，都与工作台台面平行，所以在这种条件下铣垂直面，把基准面安装得与工作台面垂直就可以了。

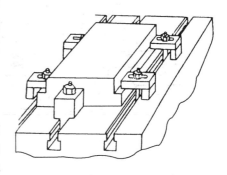

图 2-7　有台阶面工件装夹铣平行面

（1）用平口钳装夹工件

将平口钳的固定钳口和工件的定位基准面擦拭干净。安装工件时把工件基准面与固定钳口紧密贴合即可。在装夹时为了使基准面与固定钳口贴合紧密，往往在活动钳口与工件之间放置一根圆棒，以保证工件的基准面在夹紧时仍然与固定钳口贴合，如图 2-8 所示。若不放置圆棒，则工件上与基准面相对的面是高低不平的毛坯面，或与基准面不平行，在夹紧后基准面与固定钳口不一定会很好地贴合，这样铣出的平面也就不一定与基准面垂直。

（2）用弯板（角铁）装夹工件

加工薄而长的工件时，一般利用弯板来装夹。弯板的两个平面是互相垂直的，所以一个面与工作台台面重合后，另一个面就与工作台台面垂直，相当于固定钳口，如图 2-9 所示。

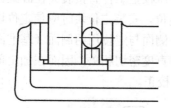

图 2-8　用圆棒装夹工件

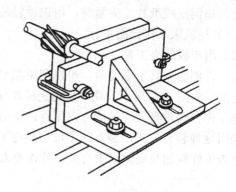

图 2-9　用弯板装夹工件

（3）用靠铁装夹工件

若工件的基准面窄长，则可以采用靠铁装夹，如图 2-10 所示。安装靠铁时，首先用压板将靠铁轻轻压上，然后再用百分表校正靠铁的位置，使基准面与机床导轨运动方向平行，最后把靠铁压紧，如图 2-11 所示。用靠铁定位可保证工件加工表面与其侧面和底面都垂直。

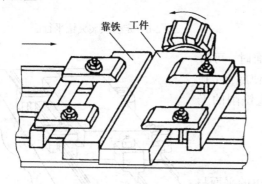

图 2-10　用靠铁定位装夹工件

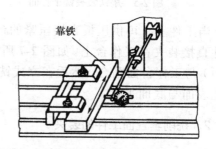

图 2-11　用百分表校正靠铁

2.2.2　实训项目 1——铣削平行平面

铣削工件如图 2.12 所示。

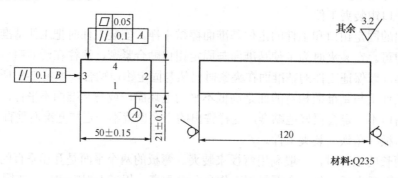

图 2-12　铣削平面的零件图

【操作步骤】

1. 平行平面铣削加工工艺准备

（1）分析图样

① 加工精度分析。两个平面的尺寸分别为 50mm×120mm、21mm×120mm，平面度公差为 0.05mm。

平行面之间的尺寸为 50±0.15mm、21±0.15mm，平行面平行度公差为 0.10mm。

毛坯件：120mm×60mm×21mm 的矩形。材料：Q235 钢。

② 表面粗糙度分析。工件各表面粗糙度 Ra 为 3.2μm，铣削加工能达到要求。

③ 材料分析。Q235 钢为碳素结构钢，切削性能好，可选用高速钢铣刀，也可以选用硬质合金铣刀。

④ 形体分析。矩形坯件，外形尺寸不大，宜采用机用平口钳装夹。

（2）制订铣削加工工艺与工艺准备

① 加工平面、平行面的工序过程。根据图样上的精度要求，平面可在立式铣床上用机夹式硬质合金铣刀进行铣削加工，也可以在卧式铣床上用圆柱铣刀进行铣削加工。本练习在立式铣床上采用机夹式硬质合金端铣刀进行加工，平面和平行面的加工工序过程为：坯件测量→安装机用平口钳→装夹工件→安装端铣刀→粗铣四面→精铣 21mm×120mm 基准平面→预检平面→精铣（21±0.15）mm 平行面→精铣 50±0.15mm 平行面→平面、平行面铣削工序检验。

② 选择铣床。选用 XW5032 型立式铣床。

③ 选择工件装夹方式。选择机用平口钳装夹工件。

④ 选择刀具。根据图纸给定的平面宽度尺寸，选择机夹式硬质合金端铣刀，其规格外径为 80mm，齿数为 4。

（3）切削用量的选择

① 粗铣。取铣削速度 v_c=80m/min，每齿进给量 f_z=0.15mm/z，主轴转数为：

$$n=\frac{1000v_c}{\pi D}=\frac{1000\times 80\text{m}/\text{min}}{3.14\times 80}\approx 318\text{r/min}$$

$$v_f=f_zzn=0.15\times 4\times 375=225\text{mm/min}$$

实际调整主轴转数为：n=300r/min。每分钟进给量为：v_f=205mm/min。

② 精铣。取铣削速度 v_c=100m/min，每齿进给量 f_z=0.10mm/z，主轴转数 n=475mm/min，每分钟进给量 v_f=190mm/min。

③ 粗铣时的背吃刀量为 3mm，精铣时的背吃刀量为 1mm，走刀次数一次完成。

2. 工件加工

（1）坯件检验

目测检验坯件的形状和表面质量，如各面之间是否基本平行、垂直，表面是否有无法通过铣削加工的凹陷、硬点等。用钢直尺检验坯件的尺寸，并结合各毛坯面的垂直和平行情况，测量最短的尺寸，以检验坯件是否有加工余量。

（2）安装机用平口钳

① 安装前，将机用平口钳的底面与工作台面擦干净，若有毛刺、凸起，应用磨石修磨平整。

② 检查平口钳底部的定位键是否紧固，定位键定位面是否同一方向安装。

③ 将平口钳安装在工作台中间的 T 形槽内，钳口位置居中。用手拉动平口钳底盘，使定位键向 T 形槽一侧贴合，并打表检测平口钳使之在图纸要求的范围之内。

④ 用 T 形螺栓将机用平口钳压紧在工作台面上。

（3）装夹和找正工件

工件下面加垫长度大于 120mm、宽度小于 50mm 的平行垫块，其高度应保证工件加工余量上平面高于钳口。用锤子轻轻敲击工件，并拉动垫块，检查下平面是否与垫块贴合。

（4）安装铣刀

安装和拆卸铣刀的方法参见本书 1.3 节。

（5）对刀、粗铣平面

① 启动主轴，调整工作台，使铣刀处于工件上方，对刀时轻轻擦到毛坯表面，然后铣刀退出。

② 纵向退刀后，上升工作台 3mm（即粗铣吃刀量 3mm），用逆铣方式粗铣平面 1。

③ 同样，依次铣另外三面，即面 2→3→4。

④ 用刀口形直尺预检工件各面的平面度，挑选平面度较好的平面作为精铣定位基准。

（6）精铣平面

① 用游标卡尺测量尺寸 50mm、21mm 的实际余量。

② 调整主轴转速为 300r/min，进给量为 47mm/min。

③ 精铣一平面，吃刀量为 2mm，用刀口形直尺预检精铣后表面的平面度。

④ 按粗铣四面的步骤精铣各面。在精铣的过程中注意测量，在达到尺寸要求的同时，达到平行度要求。

3．检验工件铣削质量

（1）卸下工件，用锉刀打毛刺，清除毛边。

（2）按图中要求检验工件质量。

2.2.3　实训项目 2——铣削垂直平面

铣削工件如图 2.13 所示。

【操作步骤】

1．垂直平面铣削加工工艺准备

（1）分析图纸

① 加工精度分析。

加工平面的尺寸为 50mm×120mm、21mm×120mm，平面度公差为 0.10mm。

平行面之间的尺寸为 $50_{-0.10}^{0}$ mm、$21_{-0.10}^{0}$ mm，平行面平行度公差为 0.10mm。

毛坯件为 50mm×31mm×120mm 的矩形，材料为 Q235 钢。

② 表面粗糙度分析。工件各表面粗糙度 Ra 的值均为 6.3μm，铣削加工能达到要求。

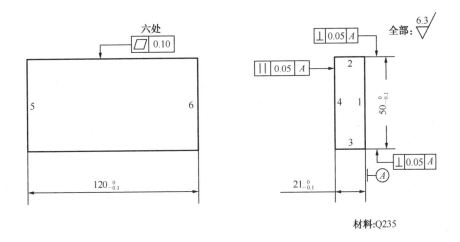

材料:Q235

图 2-13　铣削垂直平面的工件

③ 材料分析。Q235 钢切削性能好，可选用高速钢铣刀，也可以选用硬质合金铣刀。

④ 形体分析。矩形坯件，外形尺寸不大，宜采用机用平口钳装夹。

（2）拟订铣削加工工艺过程

① 铣削步骤。在立式铣床上采用机夹式硬质合金铣刀进行铣削加工。铣削平面、垂直面的操作过程为：坯件测量→安装机用平口钳→装夹工件→安装端铣刀→粗铣四面→精铣 50mm×120mm 基准平面→预检平面→精铣尺寸为 $50_{-0.10}^{0}$ mm 的两垂直面→精铣尺寸为 $21_{-0.10}^{0}$ mm 的平行面、垂直面→检验。

② 选择铣床。选用 XW5032 型立式铣床。

③ 选择工件装夹方式。选用机用平口钳装夹工件。

④ 选择刀具。根据图纸给定的平面宽度尺寸，选择机夹式硬质合金端铣刀，其规格外径为 ϕ80mm，齿数为 4。

（3）确定检验加工质量方法

① 平面度检测采用刀口形直尺检验。

② 平行面之间的尺寸和平行度用千分尺测量。

③ 垂直度用 90°角尺检验。

④ 表面粗糙度采用样板，用类比法检验。

（4）切削用量的选择

① 粗铣。取铣削速度 v_c=80m/min，每齿进给量 f_z=0.15mm/z，主轴转数为：

$$n=\frac{1000v_c}{\pi D}=\frac{1000\times80}{3.14\times80}\approx318\text{r/min}$$

$$v_f=f_z zn=0.15\times4\times375=225\text{mm/min}$$

根据铣床具有的转速，实际选取主轴转数 n=300r/min。每分钟进给量 v_f=205mm/min。

② 精铣。取铣削速度 v_c=100m/min，每齿进给量 f_z=0.10mm/z，主轴转数 n=475mm/min，每分钟进给量 v_f=190mm/min。

③ 粗铣时的背吃刀量为 3mm，精铣时的背吃刀量为 1mm，铣削宽度一次完成。

2. 平面、垂直面粗铣加工

（1）加工准备

① 坯件检验。目测检验坯件的形状和表面质量，如各面之间是否基本平行、垂直，表面是否有无法通过铣削加工的凹陷、硬点等。用钢直尺检验坯件的尺寸（预制工件尺寸为60mm×31mm×120mm），并结合各毛坯面的垂直和平行情况，测量最短的尺寸，以检验坯件是否有加工余量。

② 安装机用平口钳。

③ 装夹和找正工件。工件下面加垫长度大于 120mm、宽度小于 21mm 的平行垫块，其高度应保证工件加工余量上平面高于钳口。

④ 安装铣刀。安装端铣刀。

（2）操作铣床，进行平面、垂直面的铣削加工

① 对刀。启动主轴，调整工作台，使铣刀处于工件上方，对刀时轻轻擦到毛坯表面，然后铣刀沿纵向退出。

② 铣削平面 1。纵向退刀后，按粗铣吃刀量 3mm 上升工作台，用逆铣方式粗铣平面 1。

③ 铣削平面 2。将平面 1 与机用平口钳定位面贴合，粗铣平面 2。

④ 铣削平面 3。将工件翻转 180°，平面 2 与平行垫铁贴合，粗铣平面 3。

注：在加工垂直面 2、3 时，应在 4 面与活动钳口之间加装圆棒，以保证 2、3 面与 1 面的垂直度。

⑤ 铣削平面 4。将工件翻转 90°，将平面 1 与平行垫铁面贴合，粗铣平面 4。

3. 预检工件，精铣各面

（1）预检工件

检验粗铣加工质量。用刀口尺检验平面，用 90° 角尺检验垂直度，用游标卡尺检验实际加工余量。

（2）精铣各面

按粗铣四面的步骤精铣各面。在精铣的过程中应注意过程测量。在达到尺寸要求的同时达到垂直度、平行度要求。若预检垂直度有误差，则可在固定钳口与工件定位面之间衬垫铜片或纸片。当铣出的平面与基准面之间的夹角小于 90° 时，铜片或纸片应垫在钳口上部；反之则垫在下部。只要仔细地微量调整纸片、铜片的厚度或衬垫位置，便可铣削出符合图样要求的垂直面。

4. 去毛刺，检验铣削质量

（1）卸下工件，用锉刀清除毛边。
（2）按图中要求检验工件质量。

2.3 铣削长方体

长方体由六个互相垂直的平面组成，平面间有垂直度和平行度要求。

2.3.1 相关工艺知识

1. 定位基准选择

（1）基准的分类

所谓基准，就是用来确定生产对象上几何要素间的集合关系根据的那些点、线、面。基准是计算和测量某些点、线、面位置尺寸的起点。

基准分为设计基准和工艺基准两大类。

① 设计基准。设计图样上所采用的基准称为设计基准。设计基准一般是零件图样上标注尺寸的起点或对称点，如齿轮的轴线或孔中心线等。矩形零件和箱体零件一般以底面为设计基准。

② 工艺基准。在工艺过程中所采用的基准称为工艺基准。工艺基准包括工序基准、定位基准、测量基准、装配基准和辅助基准。

- 工序基准：在工序图上用来确定本工序所加工表面加工后的尺寸、形状和位置的基准。
- 定位基准：在加工中用作定位的基准，用于确定加工表面对刀具切削定位之间的相互关系，如加工圆柱齿轮时以内孔为定位基准。由于在加工时，要求工件能稳定和承受较大的力，所以大都以面作为定位基准，平时把定位基准称为基准面。
- 测量基准：测量时所采用的基准，即测量工件各表面的相互位置、形状和尺寸时所用的基准。
- 装配基准：装配时用来确定零件或部件在产品中的相对位置时所采用的基准，如装配圆柱齿轮时以其内孔为装配基准。
- 辅助基准：为满足工艺需要，在工件上专门设计的定位面。

（2）定位基准的选择原则

定位基准的选择影响加工工件的位置精度和加工成本，所以应该正确选择定位基准。

① 粗基准的选择。

以毛坯上未加工过的表面为工件的定位基准面，称为粗基准。粗基准的选择原则如下。

- 所有表面都需要加工时，应选择加工余量最小的表面为粗基准。用加工余量最小的表面作粗基准也就是根据加工余量最小的面找正工件，这样做可以避免加工余量不够用。
- 若工件必须首先保证某重要表面的加工余量均匀，则应选择该表面作为粗基准。
- 工件表面不需要全部加工时，应以不加工的面为粗基准。这样做可以保证工件加工后不加工表面与加工表面间的位置精度。
- 选择光洁、平整和幅度大的表面为粗基准，以便定位基准、夹紧可靠。
- 粗基准只能使用一次，应尽量避免重复使用粗基准。因粗基准的表面粗糙不平，第二次使用时即使与第一次装夹的条件相同，也会产生较大的定位误差。

② 精基准的选择。

以已加工过的表面作为工件的定位基准面，称为精基准。精基准的选择原则如下。

- 基准重合的原则。尽量采用设计基准为加工中工件的定位基准。例如，对于齿轮零件，齿轮孔的中心线是齿轮的设计基准，在加工齿轮时采用孔来定位，则该孔又是定位基准，即定位基准与设计基准重合，这样做可以避免工件定位中的基准不重合误差，提高定位精度。

● 基准统一的原则。当零件上有几个相互位置精度要求高、关系比较复杂的表面，而且这些表面不能在一次装夹中加工出来时，那么在加工过程的各次装夹中应该采用同一组定位基准。这样做可以避免基准转换，有利于保证工件的位置精度。此外，采用同一组定位基准，可使各道工序的夹具结构基本相同，甚至采用同一个夹具，减少了制造夹具的费用。

● 精基准选择，应能保证工件在定位时具有良好的稳定性，并尽量使夹具的结构简单。

● 精基准选择，应保证工件在受到夹紧力和铣削等外力作用时，引起的变形最小。

在实际工作中选择定位基准时，运用上面的几项原则有时会产生矛盾，如有时为了使夹具结构简单而放弃基准重合的原则，因此，必须根据具体情况，仔细地分析和比较，选择出最合理的定位基准。

2. 铣削长方体平面顺序

长方体工件具有六个平面，如图 2-14 所示的 1、2、3、4、5、6 面。铣削过程中为了保证长方体平面间的平行度和垂直度，六个平面的铣削顺序如下。

① 铣削平面 1。选择六面体的平面 1 作为精基准面，因为精基准面是加工其他各面的定位基准，所以先铣削加工平面 1。可在工件与平口钳之间加装平行垫铁，如图 2-14（a）所示。

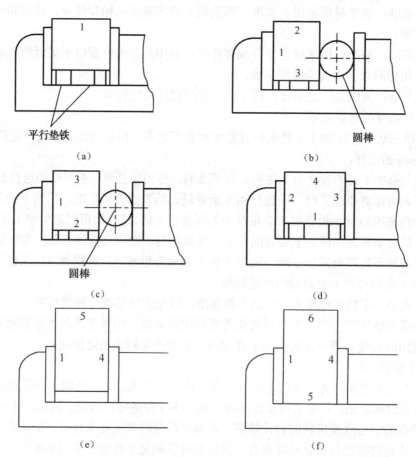

图 2-14　长方体铣削顺序

② 铣削平面 2。以平面 1 为定位基准装夹工件，并在工件与活动钳口之间加装圆棒，确保精基准面 1 与固定钳口紧密贴合，从而保证加工的平面 2 与定位平面 1 之间的垂直度，如图 2-14（b）所示。

③ 铣削平面 3。仍以 1 面为基准，用相同的装夹方式铣削平面 3，如图 2-14（c）所示。

④ 铣削平面 4。此时工件的平面 1、2、3 均为精基准面，装夹工件时将平面 1 作为主要基准面。在平口钳的导轨面上定位，应保证工件上的加工面与相应面的平行度和尺寸公差，如图 2-14（d）所示。

⑤ 铣削平面 5。为了保证与平面 1 和平面 2 都垂直，除了使平面 1 和平口钳固定钳口相贴合外，还要用 90°角尺找正平面 2 对工作台台面的垂直度。角尺的一面与平口钳的机床水平导轨贴合，另一面与工件的平面 2 贴合，如图 2-14（e）所示。

⑥ 铣削平面 6，并保证长度尺寸，如图 2-14（f）所示。

精铣与粗铣六面体工件的加工顺序相同，粗铣除了切去大部分余量外，还应对工件的平行度和垂直度有所保证，以确保精铣质量。

2.3.2　实训项目——铣削长方体

铣削加工长方体，如图 2-15 所示。

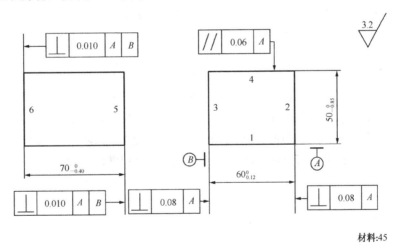

材料:45

图 2-15　长方体工件图

【操作步骤】

1. 分析图样

明确工件的尺寸、形位公差等精度要求，以及工件的材料。该工件材料为 45 钢，长方体中六个平面的表面粗糙度 Ra 的值均为 3.2μm，平面间有尺寸要求，并有平行度及垂直度要求。

2. 选择机床及铣刀

选用 XW5032 型立式铣床加工该工件。铣刀直径等于 1.4～1.6 倍工件待加工面的宽度。

因本工件待加工面（毛坯）为 80mm×70mm×60mm，最大宽度为 80mm，故选择ϕ100mm、齿数 4 的硬质合金端铣刀，刀片材料为 YT15。

3．确定定位基准

为使定位准确、可靠，长方体工件加工中的精基准应选择一个较大的平面，或采用零件的设计基准，本工件选择平面 1 为精基准面。本着先加工基准面、后加工其他面的原则，需要在铣削的第一工步加工平面 1。

在加工其余各面时，都使用平面 1 为基准定位，即加工其余各面时都要将平面 1 靠向固定钳口或钳体的导轨面，从而保证所加工的平面与平面 1 的垂直度与平行度要求。

4．选择切削用量

① 铣削背吃刀量。由图可知，工件每个表面的加工余量均为 5mm，表面粗糙度均为 Ra=3.2，故分粗铣及精铣两步进行。粗铣取 α=4.5mm，精铣取 α=0.5mm。

② 每齿进给量 f_z。粗铣选 f_z=0.15mm/z，精铣选 f_z=0.10mm/z。

③ 铣削速度 v_c。用硬质合金端铣刀，刀具材料为 YT15，齿数 z=4。铣 45 钢时，可选 v_c=100m/min。

④ 主轴转速 n。根据上面选择的切削用量及铣刀规格，选 n=300r/min。

● 粗铣主轴转速 n。取铣削速度 v_c=80m/min，每齿进给量 f_z=0.15mm/z，主轴转数为：

$$n=\frac{1000v_c}{\pi d_0}=\frac{1000\times100}{3.14\times100}=318\text{r/min}$$

$$v_f=f_z zn=0.15\times4\times375=225\text{mm/min}$$

实际粗铣主轴转速选 n=300r/min。每分钟进给量 v_f= 205mm/min。

● 精铣主轴转速 n。取铣削速度 v_c=100m/min，每齿进给量 f_z=0.10mm/z。

实际精铣主轴转速选 n=475mm/min。每分钟进给量 v_f=190mm/min。

5．铣削操作

铣削方式采用不对称逆铣。根据工件的外形特点，采用平口钳装夹。

（1）粗铣长方体

按粗铣切削用量调整好机床，依次粗铣六面。为了保证各表面的平行度和垂直度，长方体的铣削顺序如图 2-14 所示，并要注意以下几点。

① 应选择毛坯上面积最大、表面最不平整的面为最先铣削的平面，即平面 1。

② 铣平面 2 及平面 3 时，为了保证平面 1 与固定钳口相贴合，在活动钳口上要加垫圆棒（见图 2-14（b）、（c））。

③ 铣平面 3 及平面 4 时，除了需使已加工的一个面紧贴固定钳口外，还需使另一已加工面与平口钳水平导轨或平行垫铁相贴合，以保证相对两面之间的平行度。

④ 铣平面 5 时，由于平面 6 尚未加工，所以为了保证第 5 面和第 1 面、第 2 面、第 3 面、第 4 面都垂直，除了需使第 1 面与固定钳口相贴合外，还要用 90°角尺校正第 2 面或第 3 面对工作台台面的垂直度。校正的方法是，90°角尺的一面与平口钳的水平导轨贴合，另一面与工件的第 3 面或第 2 面贴合。

⑤ 铣平面6时，通过找正保证长度尺寸。

（2）精铣长方体

按精铣用量调整机床，精铣长方体的平面顺序与粗铣时相同，依次精铣六个平面。

6．质量检验

工件完工后，除了按图纸测量尺寸及检验表面粗糙度外，还要检验所铣平面的平直度、相对表面的平行度和相邻表面的垂直度。

（1）尺寸检验

按照图纸的精度要求进行检测，一般工件可用游标卡尺或千分尺测量，分别测量工件的长、宽、高，误差均在允许的公差范围内，即为合格。

（2）平直度的检验

① 刀口直尺配合塞尺检验。将工件置于平台上，用刀口直尺靠在被检平面上。若整个平面各处均与刀口直尺接触，则平直度良好；当平面不平时，则出现缝隙，此时应使用塞尺测量其缝隙的大小。

② 刀口直尺透光检验。绝大多数工件的平直度没有太大的误差，一般可将刀口直尺靠在被检平面上，朝向光亮处，观察其边缘的透光情况。

（3）平行度的检验

当平行度要求不高时，可测量被测表面到基准面间的尺寸变动量。当平行度要求较高时，可将工件放置于标准平台上，用百分表来测量。后者不仅测量了平行度，同时也测量了平直度。

（4）垂直度的检验

将工件置于平台上，用90°角尺测量各垂直面与平台的垂直度。若角尺与被测面均匀接触，则垂直度合格；若出现上部或下部不接触的情况，则应测量缝隙的大小，当不超过允许公差时，则为合格。

2.4 铣削斜面

2.4.1 相关工艺知识

1．倾斜装夹工件铣斜面

（1）使用倾斜垫铁装夹铣斜面

使用倾斜垫铁装夹铣斜面，如图2-16所示。在零件设计基准的下面垫一块倾斜的垫铁，则铣出的平面就与设计基准面成倾斜位置，改变倾斜垫铁的角度，即可加工不同角度的斜面。

（2）用平口钳装夹铣斜面

用平口钳装夹铣斜面，如图2-17所示。先划线，在毛坯上划出斜面的轮廓线，并在线上打上样冲眼，然后将工件轻夹在平口钳上，按划线找正工件位置，即使所划的线与工作台平行，最后夹紧工件。铣削去划线部分的工件材料，完成斜面加工。

2．转动立铣头铣斜面

转动立铣头（万能铣头）铣斜面。立铣头能方便地改变空间的位置，把铣刀调成要求的角度铣斜面，如图 2-18 所示。在立铣头主轴可转动角度的立式铣床上，安装立铣刀或面（端）铣刀，用平口钳或压板装夹工件，可加工出要求的斜面。

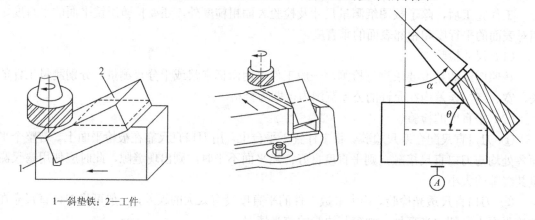

1—斜垫铁；2—工件

图 2-16　用斜垫铁装夹铣斜面　　图 2-17　用平口钳装夹铣平面　　图 2-18　用立铣头铣斜面

3．用角度铣刀铣斜面

对于宽度较窄的斜面，可用角度铣刀铣削，如图 2-19（a）所示。应根据工件斜面的角度选择铣刀的角度，同时所铣斜面的宽度应小于角度铣刀的切削刃长度。铣削对称的双斜面时，应选择两把直径和角度相同、切削刃相反的角度铣刀，安装铣刀时最好使两把铣刀的刃齿错开，以减小铣削力和振动，如图 2-19（b）所示。由于角度铣刀的刀齿强度较弱，排屑较困难，所以使用角度铣刀时，选择的切削用量应比圆柱铣刀低 20%左右，尤其是每齿进给量 f_z 更要适当减小。

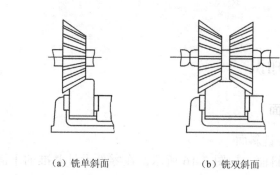

（a）铣单斜面　　　　　　　（b）铣双斜面

图 2-19　用角度铣刀铣斜面

2.4.2　实训项目 1——倾斜装夹工件铣斜面

采用平口钳倾斜装夹工件，铣削图 2-20 所示工件的斜面。

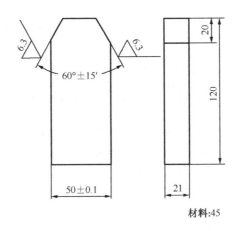

图 2-20　铣斜面的工件图

【操作步骤】

1. 分析图样

（1）铣削工件上的两个斜面，保证的精度是：尺寸 21mm；与长边的夹角为 15°±15′。加工斜面的表面粗糙度 Ra 的值为 6.3，铣削加工能达到要求。

（2）工件材料为 45 钢，切削性能较好，可选用高速钢铣刀或硬质合金铣刀。

（3）预制件为 120mm×50mm×21mm 的矩形工件。

2. 倾斜装夹工件铣斜面的工艺准备

（1）加工设备选 XW5032 型立式铣床，选用高速钢面铣刀。

（2）采用机用平口钳装夹工件。工件找正定位时，以大平面为主要基准（限制 3 个自由度），侧平面为导向基准（限制 2 个自由度），上面为止推基准（限制 1 个自由度）。

（3）拟订倾斜工件铣削斜面的工步顺序：预制件检验→划线→找正平口钳→装夹、找正工件→安装铣刀→依次粗、精铣两斜面→铣削斜面工序检验。

（4）选择刀具。根据图样给定的斜面宽度尺寸选择铣刀规格，现选用外径为 ϕ25mm、3 齿的立铣刀。

（5）检验测量方法。用游标万能角度尺检验斜面角度。

3. 斜面工件铣削加工

（1）加工准备

① 检验预制件。用游标卡尺检验预制件为基本尺寸 120mm×50mm×21mm 的矩形坯件。

② 安装、找正平口钳。将平口钳安装在工作台中间的 T 形槽内，安装时注意平口钳底面与工作台台面的清洁度。用百分表找正平口钳与工作台纵向运动平行。

③ 在工件侧表面划出斜面线，并且用样冲打上样冲眼。

④ 装夹工件。在平口钳上以工件大平面为基准装夹工件。

⑤ 安装铣刀。安装立铣刀。

⑥ 选择铣削用量。根据工件材料（45 钢）选择铣削用量：主轴转速 n=190r/min，v_c=15m/mim，v_f=36mm/mim。

● 粗铣：取铣削速度 v_c=15m/min，每齿进给量 f_z=0.15mm/z，主轴转数为：

$$n = \frac{1000v_c}{\pi d_0} = \frac{1000 \times 15}{3.14 \times 20} = 191\text{r/min}$$

$$v_f = f_z z n = 0.15 \times 3 \times 190 = 85\text{mm/min}$$

实际选取主轴转数 n=300 r/min。每分钟进给量 v_f=85mm/min。

● 精铣：取铣削速度 v_c=15m/min，每齿进给量 f_z=0.10mm/z，主轴转数 n=190r/min，每分钟进给量 v_f=58mm/min。

（2）铣削工件斜面

① 对刀。调整工作台，目测使斜面处于立铣刀端面刃的中间位置，紧固工作台，横向运动，在垂直方向对刀，使铣刀端面刀尖铣到工件最高点。

② 选择背吃刀量。按斜面的加工余量，每一斜面采用 2～3 次纵向机动进给，完成铣削。

③ 铣削斜面后，预检工件夹角是否符合要求。如不符合要求，则需调整工件位置后再次铣削，直至合格。

4．质量分析及注意事项

铣斜面的质量问题主要是角度超差。为保证加工质量，铣削中应注意以下事项。

（1）由于角度铣刀的刀齿强度差，容屑槽较小，所以应选用较小的进给量。

（2）铣削时一般应采用逆铣。

（3）铣削钢件材料时应添加足够的切削液。

2.4.3　实训项目 2——转动立铣头铣斜面

采用转动铣床立铣头，铣削图 2-20 所示零件的斜面。

【操作步骤】

1．转动立铣头铣斜面工艺准备

（1）分析图样

同 2.4.2 节。

（2）制定加工工艺与工艺准备

① 选择铣床。选择 XW5032 型立式铣床。

② 拟订铣削斜面的工步顺序：预制件检验→划线→找正平口钳→装夹、找正工件→安装铣刀→调整立铣头角度→粗、精铣斜面 1→调整立铣头角度→粗、精铣斜面 2→斜面铣削质量检验。

③ 装夹工件方法：采用机用平口钳装夹工件。工件找正定位时，以大平面为主要基准（限制 3 个自由度），侧平面为导向基准（限制 2 个自由度），上面为止推基准（限制 1 个自由度）。

④ 选择刀具。选用外径为ϕ25mm、3 齿、锥柄立铣刀，铣刀材料为高速钢。

⑤ 工件铣削方式：用周铣法铣削工件。

⑥ 检验测量方法：用游标万能角度尺检验斜面角度。

2．斜面铣削加工

（1）加工准备

① 检验预制件。用游标卡尺检验预制件为基本尺寸 120mm×50mm×21mm 的矩形坯件。

② 安装、找正平口钳。将平口钳安装在工作台中间的 T 形槽内，安装时注意其底面与工作台台面的清洁度。用百分表找正平口钳与工作台纵向平行。将工件垂直装夹。

③ 在工件表面划出斜面线，并且用样冲打上样冲眼作为参照线。

④ 装夹工件。铣削斜面 1、2 时，以平面 3、4 及端面为基准装夹工件。

⑤ 安装铣刀。按安装立铣刀的方法安装ϕ25mm 锥柄立铣刀。

⑥ 调整立铣头角度。首先用活扳手沿顺时针方向松开立铣头右边圆锥销顶端的六角螺母，拔出圆锥定位销，然后松开立铣头回转盘上的 4 个螺母。根据转角要求，转动立铣头回转盘左侧的齿轮轴（铣削斜面 1 时主轴应顺时针方向转动α=15°，铣削斜面 2 时主轴应逆时针方向转动α=15°）。最后紧固立铣头回转盘上的四个螺母，使立铣头固定。

⑦ 选择铣削用量。根据工件材料（45 钢）选择铣削用量。

调整主轴转速 n=190 r/min：粗铣取 v_c=16m/min；精铣取 v_c=20m/min。

每齿进给量，粗铣取每齿进给量 f_z=0.10mm/z，精铣取每齿进给量 f_z=0.05mm/z。

粗铣取每分钟进给量 v_f=58mm/min，精铣取每分钟进给量 v_f=27mm/min。

（2）斜面工件铣削加工

① 对刀时，调整工作台，目测使斜面长度处于立铣刀长度范围内，使铣刀周刃铣到工件最高点。

② 侧吃刀量选择：斜面的加工余量采用 2～3 次横向机动进给铣削完成。

3．质量分析及注意事项

调整主轴角度铣削斜面时应注意以下事项。

① 铣削方式采用周铣法时，所加工的斜面的角度与工件装夹位置、立铣头倾斜角相关，应注意正确调正相关位置和角度。

② 调整立铣头角度后，斜面必须采用工作台横向进给铣削。进给方向最好能使切削分力指向钳口，并采用逆铣方法。

③ 铣削余量应通过计算并划线测量获得，粗铣调整铣削余量时应注意将尖角对刀时的切除量估算在内，精铣时的余量应通过测量工件尺寸获得，以保证铣出合格的斜面。

2.4.4　实训项目 3——用角度铣刀铣斜面

采用角度铣刀铣斜面，铣削图 2-20 所示零件的斜面。

【操作步骤】

1. 角度铣刀铣斜面工艺准备

（1）分析图纸

同 2.4.2 节。

（2）加工准备

① 选择铣床。选择 X6132 型卧式铣床。

② 选择刀具。根据图样给定的斜面宽度尺寸选择铣刀规格，现选用外径为 $\phi75mm$、15° 的单角铣刀。

③ 选择工件装夹方式：选择机用平口钳装夹。

④ 拟订铣削斜面的工步顺序：预制件检验→划线→找正、装夹平口钳→找正、装夹工件 →安装角度铣刀→依次粗、精铣两斜面→铣削斜面工序检验。

⑤ 检验测量方法：用游标万能角度尺检验斜面角度。

2. 角度铣刀铣削斜面

（1）加工准备

① 检验预制件。用游标卡尺检验预制件的基本尺寸 120mm×50mm×21mm。

② 装夹平口钳。将平口钳安装在工作台中间的 T 形槽内，安装时注意其底面与工作台台面的清洁度。用百分表找正平口钳的固定钳口与工作台横向运动平行。

③ 划线。在工件侧表面划出斜面线，并且用样冲打上样冲眼。

④ 装夹工件。铣削斜面 1、2 时，工件以底平面和端面为基准垂直装夹工件。

⑤ 安装铣刀。将单角铣刀装入 $\phi22mm$ 的长刀杆的中间位置（注意切削刃方向）。

⑥ 选择铣削用量。根据工件材料（45 钢）选择铣削用量：主轴转速 $n=47.5r/min$，$v_c=11m/min$，进给速度 $v_f=20mm/min$。

（2）斜面铣削加工

① 铣削斜面 1。对刀时，使角度铣刀的锥面切削刃能一次铣出整个斜面。斜面 1、2 的加工余量通过 2～3 次纵向走刀铣除全部余量。走刀 1～2 次后，应预检工件夹角是否符合图中设计要求。如不符合要求要及时调整，然后再次铣削。

② 铣削斜面 2。工件需旋转 180°，装夹铣刀时用 90° 角尺找正工件垂直度。对刀和铣削操作方法参见上一步骤。

3. 质量分析及注意事项

① 质量分析。铣削斜面产生的质量问题主要是角度超差，其原因是选错铣刀角度或铣刀角度误差较大。

② 注意事项。由于角度铣刀的刀齿强度差，容屑槽较小，所以应选用较小的进给量。铣削时一般应采用逆铣。铣削钢件材料时应加注足够的切削液。

2.5 切削加工工艺守则

2.5.1 切削加工工艺守则总则

1. 加工前的准备

（1）操作者接到加工任务后，首先要检查加工所需的产品图样、工艺规程和有关技术资料是否齐全。

（2）要看懂、看清工艺规程、产品图样及其技术要求，疑问之处应找有关技术人员问清楚。

（3）按产品图样或（和）工艺规程复核工件毛坯或半成品是否符合要求，发现问题应及时向有关人员反映，待问题解决后才能进行加工。

（4）按工艺规程要求准备好加工所需的全部工艺装备，发现问题及时处理。对新夹具、模具等，要先熟悉其使用要求和操作方法。

（5）加工所使用的工艺装备应放在规定的位置，不得乱放，更不能放在机床导轨上。

（6）工艺装备不得随意拆卸和更改。

（7）检查加工所用的机床设备，准备好所需的各种附件，加工前机床要按规定进行润滑和空运转。

2. 刀具与工件的装夹

（1）刀具的装夹

① 在装夹各种刀具前，一定要把刀柄、刀杆、导套等擦拭干净。

② 刀具装夹后，应用对刀装置或试切等检查其正确性。

（2）工件的装夹

① 在机床工作台上安装夹具时，首先要擦净其定位基面，并找正其与刀具的相对位置。

② 工件装夹前应将其定位面、夹紧面、垫铁和夹具的定位面、夹紧面擦拭干净，并不得有毛刺。

③ 按工艺规程中规定的定位基准装夹，若工艺规程中未规定装夹方式，则操作者可自行选择定位基准和装夹方法。选择定位基准时，应遵循以下原则。

- 尽可能使定位基准与设计基准重合。
- 尽可能使各加工面采用同一定位基准。
- 粗加工时定位基准应尽量选择不加工或加工余量比较小的平整表面，而且只能使用一次。
- 精加工工序的定位基准应是已加工表面。
- 选择的定位基准必须使工件夹紧方便，加工时稳定可靠。

3. 加工要求

（1）为了保证加工质量和提高生产率，应根据工件材料、精度要求和机床、刀具、夹具等情况，合理选择切削用量。加工铸件时，为了避免表面夹砂、硬化层等损坏刀具，在许可的条件下，切削深度应大于夹砂或硬化层深度。

（2）对有公差要求的尺寸，在加工时应尽量按其中间公差加工。

（3）工艺规程中未规定表面粗糙度要求的粗加工工序，加工后的表面粗糙度 Ra 的值应不大于 25 μm。

（4）铰孔前的表面粗糙度 Ra 的值应不大于 12.5μm。

（5）精磨前的表面粗糙度 Ra 的值应不大于 6.3μm。

（6）粗加工时的倒角、倒圆、槽深等都应按精加工余量加大或加深，以保证精加工后达到设计要求。

（7）图样和工艺规程中未规定的倒角、倒圆尺寸和公差要求应按 ZBJ38001 的规定。

（8）凡下道工序需进行表面淬火、超声波探伤或滚压加工的工件表面，在本工序加工的表面粗糙度 Ra 的值不得大于 6.3μm。

（9）在本工序后无去毛刺工序时，本工序加工产生的毛刺应在本工序去除。

（10）在大件的加工过程中应经常检查工件是否松动，以防因松动而影响加工质量或发生意外事故。

（11）当粗、精加工在同一台机床上进行时，粗加工后一般应松开工件，待其冷却后重新装夹。

（12）在切削过程中，若机床—刀具—工件系统发出不正常的声音或加工表面粗糙度突然变坏，应立即退刀停车检查。

（13）在批量生产中必须进行首件检查，合格后方能继续加工。

（14）在加工过程中，操作者必须对工件进行自检。

（15）检查时应正确使用测量器具。使用量规、千分尺等时必须轻轻用力推入或旋入，不得用力过猛；使用卡尺、千分尺、百分表、千分表等时事先应调好零位。

4．加工后的处理

（1）工件在各工序加工后应做到无屑、无水、无脏物，并在规定的工位器具上摆放整齐，以免磕、碰、划伤等。

（2）暂不进行下道工序加工的或精加工后的表面应进行防锈处理。

（3）用磁力夹具吸住进行加工的工件的，加工后应进行退磁。

（4）凡相关零件成组配套加工的，加工后需做标记（或编号）。

（5）各工序加工完的工件，经专职检查员检查合格后方能转往下道工序。

5．其他要求

（1）工艺装备用完后要擦拭干净（涂好防锈油），放到规定的位置或交还工具库。

（2）产品图样、工艺规程和所使用的其他技术文件，要注意保持整洁，严禁涂改。

2.5.2　铣削加工工艺守则

1．铣刀的选择及装夹

（1）铣刀的选择

① 铣刀直径应根据铣削宽度、深度选择。一般铣前宽度和深度越大、越深，铣刀直径也

应越大。

② 铣刀齿数应根据工件材料和加工要求选择。一般铣削塑性材料或粗加工时，选用粗齿铣刀；铣削脆性材料或半精加工、精加工时，选用中细齿铣刀。

（2）铣刀的装夹

① 在装夹铣刀前，一定要把刀柄、刀杆、导套等擦拭干净。

② 在卧式铣床上装夹铣刀时，在不影响加工的情况下，应尽量使铣刀靠近主轴，支架靠近铣刀。若需铣刀离主轴较远时，则应在主轴与铣刀间装一个辅助支架。

③ 在立式铣床上装夹铣刀时，在不影响铣削的情况下，尽量选用短刀杆。

④ 铣刀装夹好后，必要时应用百分表检查铣刀的径向跳动和端面跳动。

⑤ 若同时用两把圆柱形铣刀铣宽平面时，应选螺旋方向相反的两把铣刀。

2．工件的装夹

（1）在平口钳上装夹

① 要保证平口钳在工作台上的正确位置，必要时应用百分表找正固定钳口面，使其与机床工作台运动方向平等或垂直。

② 工件下面要垫放适当厚度的平行垫铁，夹紧时，应使工件紧密地靠在平行垫铁上。

③ 工件高出钳口或伸出钳口两端不能太多，以防铣削时产生振动。

④ 夹紧工件时，夹紧力的作用点应通过支承点或支承面。对刚性较差的（或加工时有悬空部分的）工件，应在适当的位置增加辅助支承，以增强其刚性。

⑤ 夹持精加工面和软材质的工件时，应垫以软垫，如紫铜皮等。

（2）用压板压紧工件

压板支承点应略高于被压工件表面，并且压紧螺栓应尽量靠近工件，以保证压紧力。

3．铣削加工

① 铣削前把机床调整好后，将不用的运动方向锁紧。

② 机动快速进给时，靠近工件前应改为正常进给速度，以防刀具与工件碰撞。

③ 切断时，铣刀应尽量靠近夹具，以增加切断时的稳定性。

④ 对有公差要求的尺寸，在加工时，应尽量按其中间公差加工。

⑤ 粗加工时的倒角、倒圆等都应按精加工余量加大，以保证精加工后达到设计要求。

⑥ 在下道工序需进行表面淬火、超声波探伤或滚压加工的工件表面，在本工序加工的表面粗糙度 Ra 的值不得大于 6.3μm。

⑦ 在本工序后无法去毛刺时，本工序加工产生的毛刺应在本工序去除。

⑧ 在批量生产中，必须进行首件检验，合格后方能继续加工。在加工过程中，操作者必须对工件进行自检。检查时应正确使用测量器具。

4．顺铣与逆铣的选用

（1）在下列情况下，建议采用逆铣。

① 铣床工作台丝杆与螺母的间隙较大，又不便调整时。

② 工件表面有硬质层、积渣或硬度不均匀时。

③ 工件表面凸凹不平较显著时。

④ 工件材料过硬时。

⑤ 阶梯铣削时。

⑥ 切削深度较大时。

（2）在下列情况下，建议采用顺铣。

① 铣削不易夹牢或加工薄而长的工件时。

② 精铣时。

③ 切断胶木、塑料、有机玻璃等材料时。

 思考题 2

1. 手摇进给手柄，正摇一转后反摇一转，刻度盘恢复到原位，工作台能否恢复到原位？为什么？

2. 按刻度盘刻度摇进给手柄，若摇过了，则直接反摇至预定刻度是否可以？为什么？简述正确的操作方法。

3. 什么叫端面铣削？什么叫周边铣削？

4. 什么叫顺铣？什么叫逆铣？

5. 简述顺铣和逆铣的优缺点。

6. 什么叫对称铣削？什么叫不对称逆铣和不对称顺铣？

7. 切削液有什么作用？如何选择使用？

8. 使用机用平口钳装夹工件时应注意些什么？

9. 使用螺栓、压板装夹工件时应注意些什么？

10. 铣削垂直面时为什么要在活动钳口和工件之间放置圆棒？

11. 简述铣削矩形工件的步骤。

12. 何谓斜面？常用哪些方法铣斜面？

13. 转动工件铣斜面的方法有哪几种？

14. 试述斜面的检验方法。

15. 铣削加工工艺守则包括哪些内容？

第 3 章

铣台阶面、沟槽及切断

台阶和直角沟槽主要由平面组成，这些平面除了具有较好的平面度和较小的表面粗糙度值以外，更具有较高的尺寸精度和位置精度。在卧式铣床上，台阶和直角沟槽通常用三面刃铣刀进行铣削，在立式铣床上则可用面铣刀、立铣刀进行铣削。目前，带有三角形或四边形硬质合金可转位刀片的直角面铣刀在台阶铣削中得到了广泛应用。

 学习目标

- 掌握铣削平行平面的方法。
- 熟练掌握立铣刀、三面刃铣刀铣削台阶面对刀方法。
- 掌握用立铣刀、三面刃铣刀铣削台阶面方法。
- 掌握键槽加工的几种对刀方法。
- 掌握 T 形槽铣削的操作方法。
- 掌握 V 形槽铣削的操作方法。
- 掌握切断工件的操作方法。

3.1 铣台阶面

台阶由平行面和垂直面组合而成，铣台阶面要求铣出的平面与基准面垂直。

3.1.1 相关工艺知识

1. 三面刃铣刀铣台阶面

在卧式铣床上可用三面刃铣刀铣削台阶工件，可以安装一把铣刀，也可以采用两把铣刀加工。

（1）用一把三面刃铣刀铣台阶面

三面刃铣刀可以用两侧面刃和圆周面刃切削。如果采用一把铣刀铣削侧面台阶面时，三面刃铣刀的一个侧面刃与圆周面刃参加切削，如图 3-1 所示。这样使得铣刀的一个侧面受力，由于铣床主轴轴承存在径向间隙和轴向间隙，铣刀和刀杆的刚度不够大等，所以铣刀在铣削过程

中容易朝不受力的一侧偏移，从而产生"让刀现象"。为了减少让刀量，可以采取以下措施。

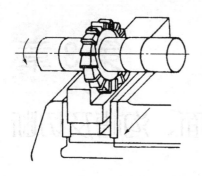

图 3-1 三面刃铣刀铣台阶面

① 采用直径较小、厚度较大的铣刀，以及用错齿三面刃铣刀铣削。

② 减少铣削吃刀量，即采用分层法铣削。

③ 选用刚度好的刀杆，调整铣床主轴轴承的间隙，增大工艺系统刚度。

当铣床功率小、铣削余量较大、不能一次进给铣出时，应该采用两次以上走刀铣削。此时在台阶侧面和底部均需留有一定余量，然后进行精铣，以保证加工面的尺寸精度和表面粗糙度。

三面刃铣刀等盘形铣刀，在铣削台阶和沟槽及切断工件时，其直径可按式（3-1）计算：

$$d_0 > 2t + d \tag{3-1}$$

式中　d_0——铣刀直径（mm）；

　　　t——铣削层深度（mm）；

　　　d——刀杆垫圈直径（mm）。

（2）用组合铣刀铣台阶面

成批或大量生产时，可采用组合铣刀铣削台阶面，如图 3-2 所示。这样不仅可以提高生产效率，而且操作简单，并能保证工件加工质量。采用组合铣刀铣削台阶面时应选择两把直径相同的三面刃铣刀，中间用刀杆垫圈隔开，将铣刀内侧面刀刃的距离调整到工件所需要的尺寸。但要注意，两把铣刀的间距应比实际需要的尺寸略大一些，以避免因铣刀的侧面摆差，使铣削出的尺寸小于图样要求。对凸起部分尺寸要求较高的工件，可采用试切方法，根据试切加工后的台阶尺寸，调整组合铣刀间的距离，直至符合图样要求。

在用盘形铣刀加工台阶时，若工作台零位不准，则铣削出的台阶两侧将呈凹弧形曲面，且上窄下宽而使尺寸和形状产生误差，如图 3-3 所示。

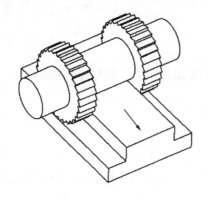

图 3-2 组合铣刀铣削台阶面

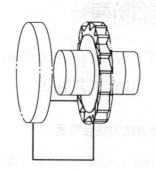

图 3-3 台阶两侧将呈凹弧形曲面

2. 立铣刀铣台阶面

在立式铣床上加工台阶，或加工尺寸大的台阶时，可用立铣刀铣削。铣削的方法和步骤与用三面刃铣刀铣削基本相同。立铣刀圆周面上的切削刃起主要的切削作用，端面切削刃起修光作用。由于立铣刀的外径小于三面刃铣刀，主切削刃较长，所以刚度及强度较小。因而，其铣削用量不能过大，否则铣刀容易折断。对尺寸要求严格的台阶，仍需分层铣削或粗、精铣分开，如图3-4所示。

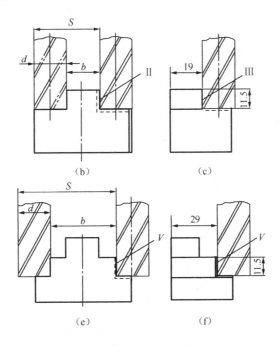

图3-4　立铣刀铣台阶面

当台阶的尺寸较大时，应用面铣刀一次铣出台阶的宽度，垂直面留精修量，再用立铣刀精修侧壁，其生产效率和加工精度均比采用三面刃铣刀或立铣刀时高。

3.1.2　实训项目——铣台阶面

预制件尺寸为30mm×60mm×30mm，在X6132型万能铣床上用三面刃铣刀，加工工件上尺寸为$19_{-0.08}^{0}$的台阶面，如图3-5所示。

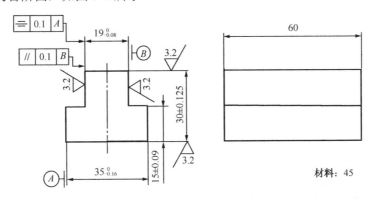

图3-5　有台阶面的工件图

【操作步骤】

1．工艺准备

（1）选择铣刀。选择宽度为 12mm、孔径为 ϕ27mm、外径为 ϕ80mm、铣刀齿数为 12 的三面刃铣刀。

（2）装夹工件。根据工件的外形和大小，选用平口钳装夹。将平口钳安装在工作台上并找正，使固定钳口与工作台纵向进给方向平行，然后把工件装夹在平口钳内。因为铣削层深度为 15mm，所以应在工件下面垫上适当厚度的平行垫铁，使工件高出钳口约 16mm，工件夹紧部分的高度应尽量大，以增加夹紧面积，防止切削时工件松动。

（3）选择铣削用量。工件单边的加工宽度为 8mm，深度为 15mm，材料为 45 钢。因为要求加工表面粗糙度 Ra 的值为 3.2μm，所以分粗铣、精铣两步进行。粗铣用于切去大部分余量，粗铣后侧面和底面各留 0.3mm 的精铣余量。机床主轴转速和进给量的计算方法与铣削平面时基本相同。现选取主轴转速为 95r/min，进给速度为 47.5mm/min。

2．机床操作——用三面刃铣刀铣台阶面

（1）调整工件侧吃刀量 a_e（等于铣削层深度）

① 粗铣对刀。根据粗铣余量调整 a_e 值，对刀操作方法：启动机床，调整铣刀位置，使铣刀圆周切削刃刚擦到工件表面（可用薄纸法调整，即工件表面贴上一张浸过油的薄纸，然后开动机床，慢慢升高工作台，使铣刀的圆周切削刃擦到薄纸），然后纵向退出工件，最后升高工作台 14.7mm，即粗铣时的侧吃刀量 a_e 调整到 14.7mm。

② 精铣对刀。粗铣后需检测加工尺寸，如尺寸正确，则精铣时工作台再上升 0.3mm，以切出精铣余量。初步调整后进行试切，试切后检查工件尺寸 15±0.09mm，并进一步调整刀具垂向位置，直至该尺寸合格。

（2）调整工件背吃刀量 a_p（等于铣削层宽度）

① 粗铣对刀。根据精铣余量调整 a_p 值，横向移动工作台，使铣刀端面切削刃刚擦到工件表面靠近固定钳口的一侧（可用薄纸法调整，即在固定钳口的工件侧面，贴上一张浸过油的薄纸，然后开动机床，慢慢横向移动工作台，使铣刀的一侧面擦到薄纸，如图 3-6（a）所示），然后纵向移动工作台，将工件退出。最后根据背吃刀量 a_p 使工作台横向移动 7.7mm。把工作台横向紧固后，即可进行铣削。

② 精铣对刀。粗铣后进行检测，如粗铣尺寸合格，则调整工作台进行精铣，使其达到图样要求。精铣台阶的右侧时，应根据工件尺寸要求，将工作台横向移动一个距离 H，如图 3-6（b）所示。H 值的计算公式为：

$$H=A+L \tag{3-2}$$

式中　H—工作台横向移动距离（mm）；

　　　A—台阶键凸台宽度（mm）；

　　　L—铣刀宽度（mm）。

当台阶凸起部分的尺寸精度要求较高时，因受铣刀的侧面跳动和铣床横向丝杠磨损量的影响，故不宜使工作台一次移动到位。工作台实际移动的距离应比计算出的距离大 0.3～

0.5mm，试切后按实际测量所得的尺寸将工作台横向调整准确，再进行铣削（试切留量加工）。

当精度要求不高时，也可用换面法加工，即一侧台阶加工完毕后，松开平口钳，将工件转 180°，并使工件底面紧贴平行垫铁，夹紧后再加工另一侧台阶。这种加工方法，对称度比较好。

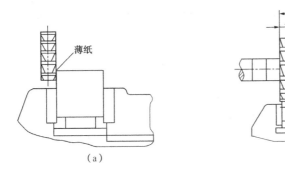

图 3-6　调整铣刀位置

3.2 铣削直角沟槽

3.2.1　相关工艺知识

1. 直角沟槽的形式

常见的直角沟槽有敞开式、半封闭式和封闭式三种，如图 3-7 所示。直角沟槽除了对宽度和长度、深度有要求外，还有槽的位置要求和表面粗糙度要求。

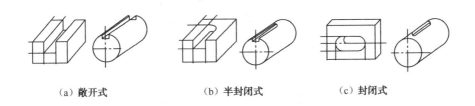

（a）敞开式　　　　　（b）半封闭式　　　　　（c）封闭式

图 3-7　直角沟槽

2. 用三面刃铣刀铣通槽

敞开式直角沟槽又称直角通槽，通常用三面刃铣刀或盘形槽铣刀加工。半封闭直角沟槽则要根据封闭端的形式，采用不同的铣刀进行加工，当封闭端底面与槽侧面是直角时，采用立铣刀加工；当封闭端底面是圆弧时，采用圆盘铣刀或三面刃铣刀加工。

用三面刃铣刀加工直角通槽的方法和步骤，与加工台阶面基本相同。由于直角通槽的宽度和位置一般要求都比较高，因此，在铣削过程中应注意以下几点：

（1）要注意铣刀的轴向（端面）跳动，因为铣刀产生轴向跳动时，会使沟槽的宽度增大。

（2）在槽宽分几次走刀加工时，要注意铣刀单面切削时让刀对尺寸精度的影响。

（3）若工作台零位不准，则铣出的直角沟槽会出现上宽下窄的现象，并使两侧面呈弧形凹面。

（4）在铣削过程中，不能中途停止进给；铣刀在槽中旋转时，不能退回工件。

3．用立铣刀铣半通槽和封闭槽

铣削封闭式的直角沟槽时一般采用立铣刀或键槽铣刀加工。立铣刀最适宜加工两端封闭、底部穿通、槽宽精度要求较低的直角沟槽，如各种压板上的穿通槽。由于立铣刀的端面切削刃不通过中心，因此，加工封闭式直角沟槽时要预钻落刀孔。

立铣刀的强度及装夹刚度较小，容易折断或让刀，加工较深的槽时应分层铣削，进给量要比使用三面刃铣刀时小。

4．用键槽铣刀铣键槽

对于槽宽要求较高、深度较浅的封闭式或半封闭式直角沟槽，应采用键槽铣刀加工。键槽铣刀的端面切削刃通过中心，所以以键槽铣刀可以对工件进行垂直方向的切削，而且无须落刀孔即可直接落刀对工件进行铣削。键槽铣刀常用于加工高精度的、较浅的半通槽和不穿通的封闭槽。

3.2.2　实训项目——立铣刀加工槽

工件压板如图 3-8 所示，本工序为在立式铣床上用立铣刀加工尺寸为 30mm×16mm 的槽。

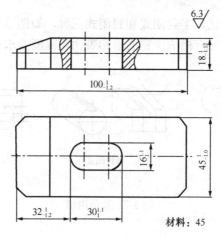

图 3-8　工件压板

【操作步骤】

1．工艺准备

（1）选择铣刀。根据沟槽尺寸，选择直径为 ϕ16mm、齿数为 3 的立铣刀加工。

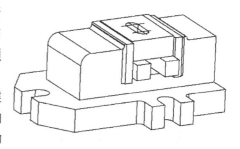

（2）装夹工件。采用平口钳装夹工件，如图 3-9 所示。为了不妨碍立铣刀穿通，在工件下面应垫两块较窄的平行垫铁。固定钳口应与进给方向平行。工件上应预先划好线，并钻好落刀孔。

（3）选择铣削用量。当用直径较小的立铣刀或键槽铣刀铣削时，应取较小的铣削速度和进给量。现主轴转速取 300r/min，由于槽长是 30mm，工作台实际移动量为 14mm，故一般都采用手动进给。

图 3-9 平口钳装夹工件

2．机床操作

移动工作台使铣刀处在槽的一端。用扳手转动立铣刀，使旋转的切削刃尖与所划的线或落刀孔重合，对准铣刀位置。开动铣床，使铣刀穿过落刀孔，紧固主轴套筒和工作台横向位置，作纵向进给进行铣削（根据情况可分层切削）。在用立铣刀和键槽铣刀加工直角沟槽时，作用在铣刀上的铣削力会使铣刀产生偏移，偏移后会使铣刀位置有少量的改变。另外，当铣刀安装得与铣床主轴不同轴时，会产生径向摆差，结果会使槽宽尺寸增大。

3.3　铣键槽

在轴上安装平键的直角沟槽称为键槽。

3.3.1　相关工艺知识

1．V 形块定位与 V 形块选用方法

用 V 形块定位是以轴类的轴线定位，如图 3-10 所示，V 形块使工件的轴线位于 V 形的角平分面上。轴件外径尺寸的大小变化影响其轴线在平分面内的上下位置，加工键槽时影响槽的深度尺寸，但不影响键槽的对称度。在图 3-10 中，轴件外径尺寸由 d_1 减小到 d_2，则轴线在 V 形块内沿上下位置变动 Δh 值为：$\Delta h = 0.707\Delta d = 0.707(d_1 - d_2)$。

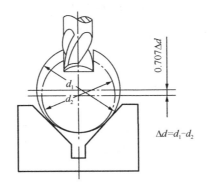

图 3-10　轴件外径尺寸大小变化对定位的影响

常见的 V 形块夹角有 90° 和 120° 的两种槽形,选用较大的 V 形角有利于提高轴在 V 形块的定位精度。无论使用哪一种槽形,在装夹轴类零件时均应使轴的定位表面与 V 形块的 V 形面相切,避免出现图 3-11 (b) 所示的情况。应根据轴直径选择 V 形块口宽 B 的尺寸,如图 3-11 (a) 所示。V 形槽的槽口宽 B 应满足式 (3-3):

$$B > d\cos\frac{\alpha}{2} \tag{3-3}$$

简化公式,当 $\alpha = 90°$ 时:

$$B > \frac{\sqrt{2}}{2}d \text{ 或 } B > 0.707d \tag{3-4}$$

当 $\alpha = 120°$ 时,$B > \frac{1}{2}d$ 或 $B > 0.5d$。 （3-5）

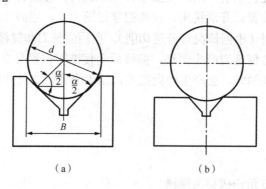

图 3-11 V 形块 V 形口宽的选择

2. 在机床工作台上找正 V 形块的位置

在机床工作台上正确安装 V 形块的位置,要求 V 形槽的方向与机床工作台导轨进给方向平行。安装 V 形块时可用如下方法找其平行度,如图 3-12 (a) 所示,将百分表座及百分表固定在机床主轴或床身某一适当位置,使百分表测头与 V 形块的一个 V 形面接触,纵向或横向移动工作台即可测出 V 形块与(工作台纵向或横向)移动方向的平行度,然后根据所测得的数值调整 V 形块的位置,直至满足要求为止。一般情况下,平行度允许值为 0.02/100mm。

采用两个短 V 形块装夹工件时,需要将标准的量棒放入 V 形槽内,用百分表校正量棒上素线与工作台面平行,其侧素线与工作台进给方向平行,如图 3-12 (b) 所示。

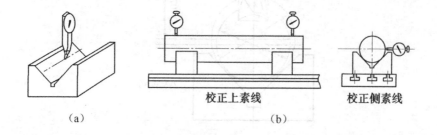

校正上素线 （a）　　　　　　校正侧素线 （b）

图 3-12　在工作台上找正 V 形块的位置

3．铣削键槽时常用对刀方法

铣削键槽时，铣刀与工件相对位置的调整，是保证键槽对称度的关键。常用的对刀方法如下。

（1）切痕对刀法

这种方法使用简便，是最常用的对刀方法，此法的对刀准确度取决于操作者的技术水平和目测的准确度。

① 盘形槽铣刀或三面刃铣刀的切痕对刀。先把工件大致调整到铣刀的中分线位置，再开动机床，在工件表面上切出一个椭圆形切痕，如图 3-13（a）所示，然后横向移动工作台，使铣刀落在椭圆的中间位置，如图 3-13（b）所示。

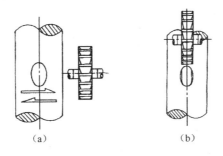

（a）　　　　　　　　　（b）

图 3-13　三面刃铣刀的切痕对刀法

② 键槽铣刀的切痕对刀。其原理与三面刃铣刀的切痕对刀法相同，只是键槽铣刀的切痕是一个矩形小平面，如图 3-14（a）所示。对刀时，使铣刀两刀刃在旋转时落在小平面的中间位置，如图 3-14（b）所示。

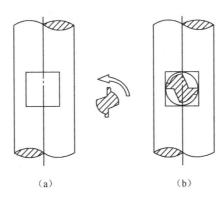

（a）　　　　　　　　　（b）

图 3-14　键槽铣刀的切痕对刀法

（2）划线对刀法

先使划针的针尖偏离工件中心约 1/2 槽宽尺寸，并在工件上划出一条线。利用分度头把工件转过 180°，划针放到另一侧再划出一条线。然后将工件转过 90°，使划线处于工件上方。调整工作台，使铣刀处在两条划线的中间即可。

（3）擦边对刀法

先在工件侧面贴一张薄纸，开动机床，当铣刀擦到薄纸后，向下退出工件，再横向移动工作台，移动距离为 A，如图 3-15 所示。

用盘形槽铣刀或三面刃铣刀时 A 值为：

$$A=\frac{D+L}{2}+纸厚 \tag{3-6}$$

用立铣刀或键槽铣刀时 A 值为：

$$A=\frac{D+d_0}{2}+纸厚 \tag{3-7}$$

式中　A——工作台横向移动距离（mm）；
　　　D——工件直径（mm）；
　　　L——铣刀宽度（mm）；
　　　d_0——立铣刀直径（mm）。

注：在对刀过程中，若已把工件侧面切去一点，则把公式中的"+纸厚"改为"–切除量"。

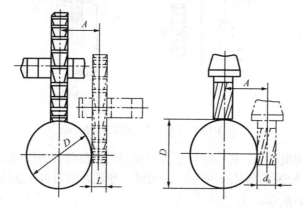

（a）用盘形槽铣刀或三面刃铣刀　　　（b）用立铣刀或键槽铣刀

图 3-15　擦边对刀法

（4）百分表对刀法

将一只杠杆百分表固定在铣床主轴上，并通过上下移动工作台，使百分表的测头与工件外圆一侧的最突出素线相接触，再用手正反向转动主轴，记下百分表的最小读数。然后，将工作台向下移动，退出工件，并将主轴转过 180°。用同样的方法，在工件外圆的另一侧，也测得百分表最小读数。比较前后两次读数，如果相等，则主轴已对准工件中心，否则应按它们的差值重新调整工作台的横向位置，直到百分表的两次读数差不超过允许范围为止，如图 3-16（a）所示。工件若用机用平口钳装夹或用 V 形块装夹时，可用图 3-16（b）、（c）所示的方法来找正。

4. 用 V 形块装夹轴类工件时注意事项

① 注意保持 V 形块两 V 形面的洁净，无鳞刺，无锈斑，使用前应清除污垢。
② 装卸工件时防止碰撞，以免影响 V 形块的精度。
③ 使用时，在 V 形块与机床工作台及工件定位表面间，不得有棉丝毛及切屑等杂物。
④ 根据工件的定位直径，合理选择 V 形块。

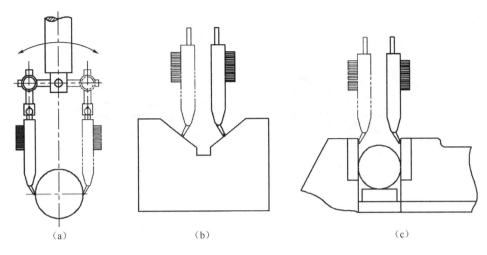

图 3-16 百分表对刀法

⑤ 校正好 V 形块在铣床工作台上的位置（以平行度为准）。

⑥ 尽量使轴的定位表面与 V 形面多接触。

⑦ V 形块的位置应尽可能地靠近切削位置，以防止切削振动使 V 形块移位。

⑧ 使用两个 V 形块装夹较长的轴件时，应注意调整好 V 形块与工作台进给方向的平行度及轴心线与工作台台面的平行度。

5. 检测平键槽

（1）测量平键槽宽度可采用内径千分尺测量，左手拿内径千分尺顶端，右手转动微分筒，使两内测量爪测量面略小于槽宽尺寸，平行放入槽中，以一个量爪为支点，另一个量爪少量转动，找出最小点，转动测力装置直至发出响声，然后直接读数，如图 3-17 所示。如要取出后读数，则应先将紧固螺钉旋紧后，平行取出千分尺测头。

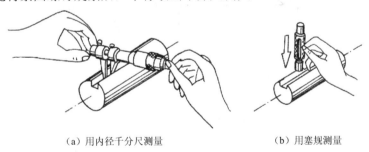

（a）用内径千分尺测量　　　　　　　　（b）用塞规测量

图 3-17 测量键槽宽度

（2）键槽深度一般要求不高，但尺寸的基准可能是工件上、下素线或轴线，测量时常需要进行尺寸换算。如图 3-18 所示，用游标卡尺测量后，若槽深尺寸基准是轴线，则必须减去工件实际半径才能得到槽深的测量尺寸。

（3）测量键槽对称度可用百分表检测工件的轴线与测量基准平行，然后找正键槽的一侧平面与基准平面平行，较小的键槽可塞入键块测量，如图 3-19 所示，将工件绕轴线旋转 180°，找正键槽另一侧平面与基准面平行，并观察百分表示值，若两侧相等，或偏差值在公差范围内，则对称度合格。

（4）键槽的长度和轴向位置可用钢直尺或游标卡尺测量。

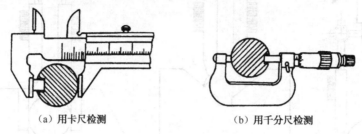

（a）用卡尺检测　　　　　　　　　（b）用千分尺检测

图 3-18　测量键槽深度

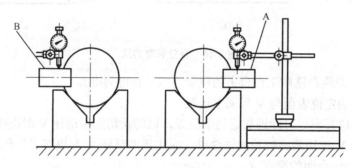

图 3-19　测量键槽对称度

3.3.2　实训项目——铣半圆键槽

图 3-20 所示工件除半圆形槽外均已加工，本工序加工半圆键槽。

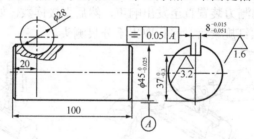

图 3-20　铣半圆键槽工件

【操作步骤】

（1）采用立式铣床加工。

（2）用 V 形块装夹工件，工件轴向与机床横向导轨平行，使工件半圆键槽部分悬出。

（3）选择外径为 $\phi28$mm、厚 8mm 的半圆键槽刀，并装夹在立铣头上。

（4）用浸油薄纸贴在轴的侧面上，用半圆键槽刀的圆周刃试切对刀，找到键槽中心。

（5）刀具退出工件，开动机床，手动纵向进给进行铣削，深 8mm。

（6）注意，铣削过程要验证对称度及键槽宽度尺寸。

3.4 铣T形槽、V形槽、燕尾槽

T形槽、V形槽和燕尾槽是铣削加工中常见的成型沟槽，通常采用刃口形状与沟槽形状相应的成型铣刀来铣削。

3.4.1 相关工艺知识

1. 成型槽加工相关知识

常见的成型沟槽有V形槽、T形槽、燕尾槽等。这些特形沟槽，一般用刃口形状与沟槽形状相应的专用铣刀来铣削。在单件生产时，也可采用通用铣刀作多次切削或用组合铣刀来铣削。

2. T形槽加工

根据T形槽的形状，要完成T形槽的铣削，必须经过如下3个步骤，如图3-21所示。

（1）铣削直角槽

在卧式铣床上用三面刃盘铣刀［图3-21（a）］，或在立式铣床上用立铣刀［图3-21（b）］，铣削出直角槽。

（2）铣削T形槽

用T形槽铣刀铣削T形槽的T形部分，如图3-21（c）所示，操作步骤如下。

① 找正工件。使直角槽侧面与工作台纵向平行，并装夹牢固。

② 选择铣刀。应根据T形槽的尺寸选用直径和厚度合适的T形槽铣刀。若T形槽铣刀的直径较小，则可采用逆铣法铣削一边，再铣削另一边；若铣刀厚度不够，则可以分层来铣削，即先铣削上面再铣削底面，这样底面的表面粗糙度值和槽的尺寸易于保证。

③ 目测对刀。调整工作台，使T形槽铣刀的端面与直角槽的槽底对齐，然后退出工件，启动机床，调整工作台，使铣刀外圆齿刃同时碰到直角槽槽侧，切出相等的切痕。

④ 铣削。先手动进给，待底槽铣出一小部分时，测量槽深，如符合要求则可继续手动进给，当铣刀大部进入工件后改用机动进给。这样做可保证零件的尺寸和保护刀具。

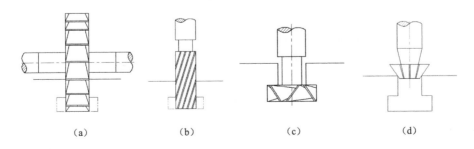

| （a） | （b） | （c） | （d） |

图3-21 T形槽加工步骤

（3）槽口倒角

铣出 T 形槽后，在主轴上装夹倒角铣刀，铣倒角，如图 3-21（d）所示。铣削倒角时应注意两边对称。

在实际生产中，还常遇到两头不穿透的 T 形槽工件，如图 3-22 所示。此时为使 T 形槽铣刀能下刀到槽底，应在槽的一端设置落刀使用的工艺孔，显然工艺孔的直径应能通过 T 形槽铣刀的切削部分。另外，为了改善切屑的排出条件，减少铣刀端面与槽底面的摩擦，可征得设计人员的同意，把直角槽铣削得深一些。

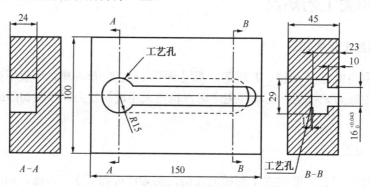

图 3-22　两头不穿透的 T 形槽工件

3. V 形槽加工

（1）V 形槽技术要求

V 形槽的典型结构如图 3-23 所示，其基本技术要求是：V 形槽的中心平面应垂直于底面，两侧面应对称于中心平面，中间窄槽两侧面也应对称于中心平面，窄槽底面应略深于 V 形槽两侧面的延伸交线。

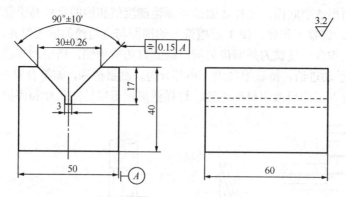

图 3-23　V 形槽零件图

（2）V 形槽加工步骤

首先用锯片铣刀在预制件上铣成尺寸为 3mm 的工艺窄槽，然后铣 V 形槽的槽面。槽面铣削有图 3-24 所示的三种方式。

① 用角度铣刀一次铣出 V 形槽两个槽面，如图 3-24（a）所示。

② 用立铣刀分别铣出 V 形槽的两个槽面,如图 3-24(b)所示。

③ 用三面刃铣刀分别铣出 V 形槽的两个槽面,如图 3-24(c)所示。

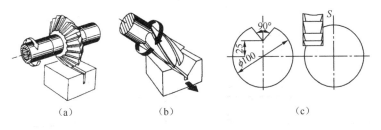

图 3-24 V 形槽槽面的三种铣削方式

(3)V 形槽的检验

V 形槽的主要检测项目有槽宽、槽面对称度、槽角,如图 3-25 所示。V 形槽槽宽用间接检测尺寸 A 确定,图 3-25 中 A 尺寸的计算公式为:

$$A=2\tan(B/2)\ [(D/2)/\sin(B/2)+D/2-C]$$

槽面对称度用图 3-26 所示方式检测或用卡尺测量。槽角可用万能角度尺测量,也可用角度样板比对,同样也可以用槽宽的计算公式反推槽角而间接测量。

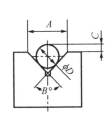

图 3-25 V 形槽的检验尺寸计算

图 3-26 V 形槽槽面对称度的检验

4.燕尾槽加工

燕尾槽和燕尾块的加工方法与 T 形槽的加工类似。先用立铣刀或面铣刀铣直角槽或台阶,如图 3-27(a)所示;再用燕尾槽铣刀铣削燕尾槽或燕尾块,如图 3-27(b)所示。铣削带斜度的燕尾槽时,先铣削燕尾槽的一侧,再将工件按规定方向调整到与进给方向成所要求的斜度,固定后,铣削燕尾槽的另一侧。

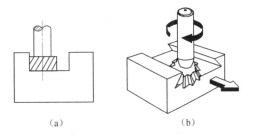

图 3-27 燕尾槽加工步骤

3.4.2 实训项目——铣V形槽、T形槽、燕尾槽

加工图 3-28 所示零件的 V 形槽、T 形槽和燕尾槽。

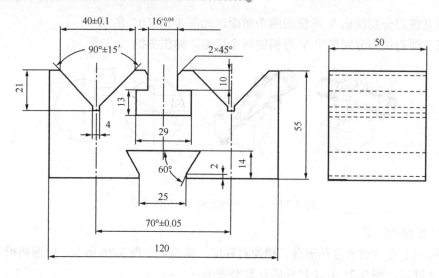

图 3-28　零件图

【操作步骤】

（1）工序 1——卧铣

① 卧铣装夹工件，V 形槽面与工作台平行。

② 铣 V 形槽中宽度为 4mm 的直槽，选择合理的圆盘铣刀，先试切，测量正确后加工。

③ 选择合理的三面刃铣刀铣 T 型槽的尺寸为 16mm 的直角槽。

④ 翻转装夹工件。

⑤ 铣燕尾槽中尺寸为 25mm 的直角槽。

（2）工序 2——立铣

① 立铣装夹工件，装夹方向同卧铣。

② 选择成型角度为 90° 的立铣刀，分层铣削 V 形槽到设计尺寸要求。

③ 选择合理的 T 形刀铣削 T 形槽。

④ 选择倒角刀进行 T 形槽的倒角。

⑤ 翻转装夹工件，采用燕尾槽成型铣刀，铣削燕尾槽的斜面。

⑥ 检测工件。

3.5 切断的工艺方法及步骤

3.5.1 相关工艺知识

1. 切断相关知识

为了节省材料，切断工件时多采用薄片圆盘锯片铣刀或开缝铣刀（又称切口铣刀）。锯片铣刀直径较大，一般都用于切断工件。开缝铣刀的直径较小，刀齿也较密，用来铣工件上的切口和窄缝，或用于切断细小的工件或薄型的工件。这两种铣刀的构造基本相同。为了减少铣刀两侧面与切口之间的摩擦，切断铣刀的厚度自圆周向中心凸缘逐渐减薄。

2．切断加工工艺

（1）选择切断铣刀

切断工件时，正确选择锯片铣刀参数的依据是直径和厚度。铣刀的直径太小，就无法切断规定厚度的工件；铣刀的直径太大时，容易折断刀齿。铣刀的厚度也要选择适合，铣刀的厚度太大，将造成生产成本浪费，尤其大批量生产时。铣刀的厚度太薄时，又容易折断。

锯片铣刀的直径按式（3-8）计算：

$$d_0 > 2t + d \tag{3-8}$$

式中　d_0——铣刀直径（mm）；

　　　t——工件厚度（mm）；

　　　d——刀杆垫圈外径（mm）。

锯片铣刀的厚度按式（3-9）计算：

$$L < \frac{B' - B}{n - 1} \tag{3-9}$$

式中　L——铣刀厚度（mm）；

　　　B'——坯件总长（mm）；

　　　B——每个工件的长度（mm）；

　　　n——要切断的工件数。

（2）安装铣刀

由于锯片铣刀在切断工件时，所受的力不很大，所以在刀杆和铣刀之间一般不用键，而是利用刀杆螺母及垫圈把铣刀压紧在刀杆上；放了键反而容易使锯片铣刀碎裂。安装锯片铣刀时，应尽量将铣刀靠近铣床床身，并且要严格控制铣刀的端面跳动及径向跳动。

（3）装夹工件

装夹工件之前，一定要严格找正平口钳与刀杆轴线的平行度。根据切断工件的形状，可采取不同的装夹方式，如用压板装夹工件、用专用夹具装夹工件等。装夹工件时，应使切断处尽量靠近夹紧点，以免在切断时由于工件松动而引起工件报废或打碎铣刀。

（4）确定铣削用量

由于锯片铣刀较薄，不能承受较大的铣削力，同时铣削层深度是一次进给切削完成的，所以使用锯片铣刀切断时大都采用较小的进给量。

（5）操作方法

调整机床后，可以用钢板尺定出工件与铣刀的相对位置，然后进行切断，并根据情况充分使用切削液。

3．工件检验及加工质量分析

切断完成的工件一般对尺寸及形位公差的要求不是很高，用常规方法即可检验，如用钢直尺或标准长度的工件。若有严格要求，则需对切断端面留加工余量来进行后续加工，然后采用相应的检验方法对其进行检验。

3.5.2 实训项目——切割工件

把图 3-29 所示的预制件切割为 4 个工件。

【操作步骤】

1. 准备机床

选择 X6132 型卧式铣床，检查铣床工作台的零位是否准确，以防工作台进给方向与铣床主轴轴线不垂直而折断铣刀。

2. 选择、安装锯片铣刀

选择锯片铣刀，为避免刀杆与工件相撞，铣刀直径 D 至少应满足 $D>d+30$。由于图 3-29 中的板料厚度 $t=15\text{mm}$，故选择 80mm×3mm×27mm（垫圈外径 $d=\phi40\text{mm}$）的粗齿锯片铣刀。

锯片铣刀的直径大而厚度薄，刚性较差，强度较低，受弯、扭载荷时，铣刀极易碎裂、折断。所以安装锯片铣刀时，不要在刀杆与铣刀间装键，铣刀紧固后，依靠刀杆垫圈与铣刀两侧端面间的摩擦力带动铣刀旋转。为了防止铣刀松动，可在靠近紧刀螺母的垫圈内装键。

3. 装夹工件

工件的装夹必须牢固可靠，在切断工件中经常会因为工件的松动而使铣刀折断（俗称"打刀"）或工件报废，甚至发生安全事故。小型工件经常在平口钳上装夹，其固定钳口一般与主轴轴线平行，切削力应朝向固定钳口。工件伸出的长度要尽量短，以铣刀不会铣伤钳口为宜。这样，可以充分增加工件的装夹刚性，并减少切削中的振动。本工序装夹工件如图 3-30 所示。

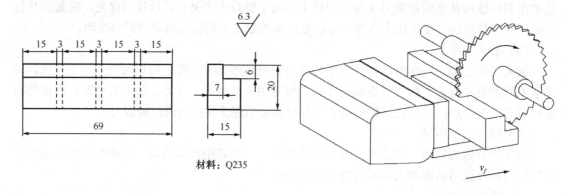

材料：Q235

图 3-29　切断工件　　　　　　　　　　图 3-30　平口钳装夹工件

4. 工件切断操作

① 切断时应尽量采用手动进给，进给速度要均匀。若需采用机动进给时，铣刀切入或切出仍需用手动进给。

② 手动进给操作时需将不使用的进给机构锁紧，进给速度不宜太快。

切削钢件时应充分加注切削液。

④ 为防止工件切断瞬间铣刀将工件抬起而引起"打刀"，应尽量使铣刀圆周刃刚好与工件底面相切，或稍高于工件底面，即铣刀刚刚切透工件即可，如图 3-31 所示。调整机床后，可以用钢板尺来定出工件与铣刀的相对位置，然后进行切断。

5．工件检验

切断完成的工件一般对尺寸及形位公差要求不高，可用卡尺或钢直尺测量检验，或采取与标准长度工件的对比进行检验。本次加工的工件可以用卡尺或钢板尺测量。

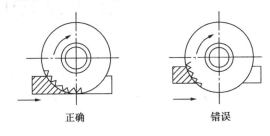

图 3-31　铣刀圆周刃刚好与工件底面相切

 ## 思考题 3

1．三刃立铣刀铣通槽时为什么需钻落刀孔？四刃立铣刀需不需要？键槽刀需不需要？为什么？

2．铣 V 形槽一般用什么铣刀加工？用什么方法测 V 形槽口尺寸和对称度？

3．切断工件时，应尽量使铣刀圆周刃刚好与工件底面相切，或稍高于工件底面，即铣刀刚刚切透工件即可。为什么？

4．试述三面刃铣刀铣削台阶面对刀方法。

5．简述用立铣刀铣削台阶面方法。

6．简述直角沟槽加工铣削方法

7．键槽加工时有几种对刀方法？

8．试述切断的工作步骤。

第4章

用分度头铣角度面及刻线

利用万能分度头可以进行圆周分度，实现在圆周上等分定位。本章讲解万能分度头的使用、六面体的加工及刻线加工的相关知识。刻线是指在工件表面上刻角度线、圆周等分线或等分刻度线。

学习目标

- 掌握万能分度头的分度与应用。
- 应用简单分度法，计算分度头手柄转数。
- 掌握等分六面体的加工方法。
- 掌握刻线加工的相关知识。
- 掌握圆周面刻等分线的方法。

4.1 万能分度头

4.1.1 相关工艺知识

1. 万能分度头的结构与附件

（1）F11 125 型万能分度头结构

F11 125 型万能分度头的结构如图 4-1 所示。图中所涉及的零件用途如下。

① 分度盘紧固螺钉。分度盘的左侧有一个紧固螺钉，用于在一般工作情况下固定分度盘；松开紧固螺钉，可使分度手柄随分度盘一起作微量的转动调整，或完成差动分度、螺旋面加工等。

② 分度叉。分度叉又称扇形股，由两个叉脚组成，其开合角度的大小按分度手柄所需转过的孔距数调整并固定。分度叉的功用是防止分度差错和方便分度。

③ 分度盘。分度盘又称孔盘，套装在分度手柄轴上，盘上（正、反面）有若干圈在圆周上均布的定位孔，作为各种分度计算和实施分度的依据。分度盘配合分度手柄完成非整转数的分度工作。不同型号的分度头都配有 1 块或 2 块分度盘，其孔圈数见表 4-1。

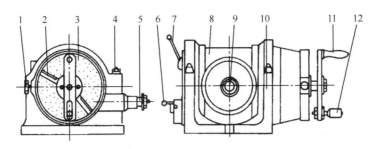

1—分度盘紧固螺钉；2—分度叉；3—分度盘；4—螺母；5—侧轴；6—螺杆脱落手柄；

7—主轴锁紧手柄；8—回转体；9—主轴；10—基座；11—分度手柄；12—分度定位销

图 4-1　F11 125 型万能分度头的结构

表 4-1　常用分度盘孔圈数

盘　块　面	盘的孔圈数
带 1 块分度盘	正面：24、25、28、30、34、37、38、39、41、42、43
	反面：46、47、49、51、53、54、57、58、59、62、66
带 2 块分度盘	第 1 块正面：24、25、28、30、34、37
	反面：38、39、41、42、43
	第 2 块正面：46、47、49、51、53、54
	反面：57、58、59、62、66

④ 螺母。

⑤ 侧轴。侧轴用于与分度头主轴间安装交换齿轮进行差动分度，或用于与铣床工作台纵向丝杠间安装交换齿轮进行直线移距分度来铣削螺旋面等。

⑥ 蜗杆脱落手柄。蜗杆脱落手柄用于脱开蜗杆与蜗轮的啮合。

⑦ 主轴锁紧手柄。主轴锁紧手柄通常用于在分度后锁紧主轴，使铣削力不致直接作用在分度头的蜗杆、蜗轮上，减小铣削时的振动，保持分度头的分度精确。

⑧ 回转体。回转体是安装分度头主轴的壳体形零件。主轴随回转体可沿基座的环形导轨转动，使主轴轴线在以水平为基准的$-10°\sim110°$范围内做不同仰角的调整。调整时，应先松开基座上靠近主轴后端面的两个螺母，调整后再予以紧固。

⑨ 主轴。分度头的主轴是一空心轴，F11 125 型分度头主轴前后两端均为莫氏 4 号锥孔，前锥孔用来安装顶尖或锥度心轴，后锥孔用来安装挂轮轴，用于安装交换齿轮。主轴前端的外部有一段定位体（短圆锥），用来安装三爪自定心卡盘的法兰盘。

⑩ 基座。基座是分度头的本体，分度头的大部分零件均装在基座上。基座底面槽内装有两块定位键，可与铣床工作台台面上的中央 T 形槽相配合，以精确定位。

⑪ 分度手柄。分度用，摇动分度手柄，主轴按一定传动比回转。

⑫ 分度定位销。分度定位销在分度手柄的曲柄的一端，可沿曲柄作径向移动，调整到所选孔数的孔圈圆周，与分度叉配合准确分度。

（2）万能分度头附件

① 三爪自定心卡盘。三爪自定心卡盘安装在分度头主轴上，用于夹持工件，对于定位精度

要求较高的工件，应用百分表对其校正，如图4-2所示。

② 分度叉。分度叉如图4-3所示。分度头分度时，为了避免每分度一次都要数一次孔数，分度盘上附设一对分度叉，利用分度叉计算孔数。松开分度叉紧固螺钉可以调整分度叉两叉之间的夹角。分度叉两叉的夹角之间的实际孔数，应比所需要摇的孔数多一个孔，因为第一孔是做起始点而不计数的。图4-3所示是每次分度摇5个孔距的情况。分度叉受到弹簧的压力，可以紧贴在分度盘上而不移动。在第二次摇动分度手柄前，需拔出定位销才能转动分度手柄，并使定位销落入紧靠分度叉2一侧的孔内，然后将分度叉1一侧拨到紧靠定位销即可。

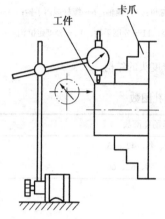

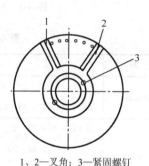

1、2—叉角；3—紧固螺钉

图4-2　三爪自定心卡盘夹持圆棒校正　　　　　图4-3　分度叉

③ 前顶尖。前顶尖用来支承和装夹较长的工件。使用时卸下三爪自定心卡盘，将前顶尖插入分度头主轴锥孔中，前顶尖使工件和分度轴一起转动。

④ 千斤顶。为了使长轴在加工时不发生弯曲，在工件下面可以支撑千斤顶来增加工件的刚度。千斤顶有螺杆和螺母装置，可以调整一定的高度以适应工件的大小。

⑤ 交换齿轮。用于分度头上的交换齿轮一般都是成套的。常用的一套其齿数有25、30、35、40、45、50、55、60、70、80、90、100。

⑥ 尾架。尾架和分度头合起来使用，一般用来支承较长的工件。在尾架上有一后顶尖，与分度头卡盘或前顶尖一起支撑工件。转动尾架手轮，后顶尖可以进退，以装夹工件。后顶尖连同其架体可以倾斜一个不大的角度，由侧面紧固螺母固定在所需要的位置上。顶尖的高低也可以调整。尾架底座下有两个定位键块，用来保持后顶尖轴线与纵向进给方向一致，并与分度头轴线在同一直线上。

（3）万能分度头的传动系统

F11125型万能分度头在铣床上较常使用，传动系统如图4-4所示。

分度时，从分度盘定位孔中拔出定位销，转动分度手柄，通过一对转动比1：1的直齿圆柱齿轮及一对传动比为1：40的蜗杆副使分度头主轴带动工件旋转。

此外，分度盘右侧还有一根安装交换齿轮用的交换齿轮轴（挂轮轴），它通过一对速比为1：1的交错轴斜齿轮副和空套在分度手柄轴上的分度盘相连，当其转动时，会带动分度盘转动，用于进行差动分度和铣削螺旋面。

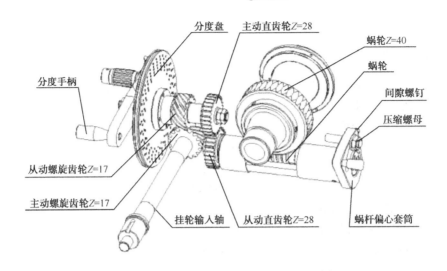

图 4-4 分度头传动系统

2. 简单分度法

简单分度法是分度中最常用的一种方法。分度时，先将分度盘固定，转动手柄使蜗杆带动蜗轮旋转，从而带动主轴和工件转过一定所需的度（转）数。

分度手柄转过 40 转，主轴转 1 转，即速比为 1：40，其中"40"叫作分度头的定数。其他型号的万能分度头，基本上都采用这个速比（或叫定数）。分度手柄的转数 n 和工件圆周等分数 z 的关系是：

$$1：40=(1/z)：n$$
$$n=40/z \qquad\qquad (4-1)$$

式中　n——分度头手柄转数；

　　　40——分度头定数；

　　　z——工件圆周等分数。

为简化分度的计算公式，当算得的 n 不是整数而是分数时，可用分度盘上的孔数来进行分度，即把分子和分母根据分度盘上的孔数同时扩大或缩小至某一倍数。

【例 4-1】　在 F11 250 型万能分度头上铣削一个五等份工件，试求每铣削一个边或面位置时分度手柄应摇过的转数？

解　已知公式 $n=40/z$

将 $z=5$ 代入公式：$n=40/5=8$ 转

即每铣完一等份后，分度手柄应转过 8 整圈后为下一等份位置。

【例 4-2】　铣削一个 60 齿的直齿齿轮，分度手柄应该摇几圈后再铣削下一个齿。

解　已知公式 $n=40/z$

将 $z=60$ 代入公式：$n=40/60=2/3=44/66$ 转

即每铣完一个齿后，分度手柄应在 66 的孔圈上转过 44 个孔距，再铣削下一个齿。这时工件旋转了 1/60 转。

具体的工件等份数及分度板孔数、分度手柄回转数、转过的孔距数等参数可直接从金属切削手册中查出。

3．角度分度法

角度分度法实质上是简单分度法的另一种形式，从分度头结构可知，分度手柄摇 40 转，分度头主轴带动工件转 1 转，也就是转了 360°。因此，分度手柄转 1 转工件转过 9°，根据这一关系，可得出角度分度计算公式：

$$n= \theta°/9° \tag{4-2}$$
$$n= \theta'/540' \tag{4-3}$$
$$n= \theta''/32\,400'' \tag{4-4}$$

式中　n——手柄转动的圈数

　　　　θ——工件所需转过的角度（分、秒）数。

若计算出现分数时，与简单分度法相同。其分数部分按分度盘上孔圈的应有孔数化解，分母为分度盘上对应孔圈的孔数，分子则为手柄转过的孔数。

当工件所需分度的转角带有分或秒的数值时，可先将所需分度的转角度数中按 9°的倍数扣除，每一个 9°将手柄转一圈，然后根据剩下不足 9°的转角中的度、分、秒数，从附录 A 中可迅速查出确定分度盘的孔圈数和分度手柄的转数。

4．分度头上工件的装夹

用分度头装夹工件的方法很多，可以充分利用分度头的附件，根据工件的不同特点来选择装夹方法。

（1）用三爪自定心卡盘装夹工件

三爪自定心卡盘用于装夹轴类工件。将分度头水平安放在工作台中间 T 形槽偏右端，用三爪自定心卡盘装夹轴件，并校正轴件上素线与工作台面平行，轴件侧素线与纵向工作台进给方向平行，平行度要求达到 0.02/100mm，如图 4-2 所示。

（2）一夹一顶装夹工件

"一夹"是指零件一端用三爪自定心卡盘夹紧，"一顶"是指零件的另一端用尾架上的后顶尖顶紧定位。此方式一般用来加工回转体零件（圆周不同角度的加工部位），如图 4-5 所示。

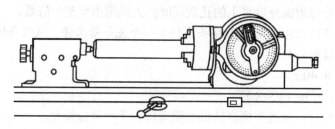

图 4-5　一夹一顶装夹工件

（3）用两顶尖装夹工件

工件两端分别用前顶尖和后顶尖实现装夹，如图 4-6 所示。此方法应用于切削力小的场合，不适合重切削，一般用于划线工序。

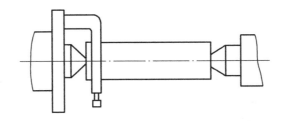

图 4-6 用两顶尖装夹工件

5. 分度头的使用与维护

分度头是铣床的精密附件。正确地使用及日常维护保养，能发挥其效能并延长分度头的使用寿命，保持精度，因此在使用和维护保养时必须注意以下几点。

① 分度头蜗杆和蜗轮的啮合间隙应保持为 0.02～0.04mm，过小容易使蜗轮磨损，过大则工件的分度精度因切削力等因素而受到影响。一般通过偏心套及调整螺母来调整蜗杆和蜗轮的啮合间隙。

② 分度头是铣床的精密附件，使用中严禁用锤子等物品敲打。在搬运时，也应避免碰撞而损坏分度头主轴两端的锥孔和安装底面。调整分度头主轴角时，应先松开基座主轴后部的螺母，再略微松开基座主轴前部的内六角螺钉，待角度调好后，紧固前部螺钉，再拧紧后部螺母。

③ 在分度头上装夹工件时，应先锁紧分度头主轴。在紧固工件时，切忌用加力杆在扳手上施力，以免用力过大损坏分度头。

④ 分度时，在一般情况下，分度手柄应顺时针方向摇动，在摇动的过程中，应尽可能速度均匀。如果摇过了预定位置，则应将分度手柄多退回半圈以上，然后再按原来的方向摇到预定的位置。

⑤ 分度时，分度手柄上的定位销应慢慢地插入分度盘（孔盘）的孔内，切勿突然撒手而使定位销自动弹入，以免损坏分度盘的孔眼。

⑥ 分度时，事先要松开主轴锁紧手柄，分度结束后再重新锁紧。但在加工螺旋面工件时，由于分度头主轴要在加工过程中连续旋转，所以不能锁紧。

⑦ 工件应装夹牢靠，在铣削过程中不得有松动现象。此外，工件装夹在分度头上时，应有足够的"退刀"距离，以免铣坏分度头及其附件。

⑧ 要经常保持分度头的清洁。使用前应清除表面的脏物，并将安装底面和主轴锥孔擦拭干净。存放时，应将外露的金属表面涂上防锈油。

⑨ 经常注意分度头各部分的润滑，并按说明书上的规定，做到定期加油。

⑩ 合理使用分度头，严禁超载使用。

4.1.2 实训项目——分度划线

工件如图 4-7 所示，利用分度头在工件端面，划出铣削六个面的线。

● 用简单分度法求出图 4-7 所示等分 7 面体在分度头上每铣一个面应旋转的圈数。

● 在立铣上用分度头对工件进行分度操作，只要求在工件端面划线。

【操作步骤】

（1）准备高度划线尺及工件

（2）分度头装夹在机床上并用三爪自定心卡盘装夹工件

将分度头水平安放在工作台中间 T 形槽偏右端，用三爪自定心卡盘装夹工件，并校正工件上素线与工作台面平行、侧素线与纵向工作台进给方向平行，平行度要求达到 0.02/100mm，工件伸出长度约 24mm。然后找正ϕ30mm 外圆的跳动不大于 0.04mm，确认后夹紧工件，如图 4-8 所示。

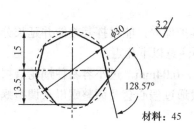

图 4-7　在圆柱体上铣削 7 个面

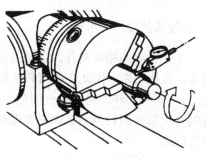

图 4-8　三爪自定心卡盘装夹工件

（3）分度计算及分度定位销的调整

① 根据简单分度公式计算分度。

已知公式　　$n=40/z$

将 $z=7$ 代入公式得 $n=40/7=5\dfrac{5}{7}=5\dfrac{30}{42}$ 转

② 调整分度定位销。选用 42 孔圈数的分度盘，即每划完一个面的线后，分度手柄应转过 5 转又 30 个孔距。

（4）划线方法

根据图 4-7，用高度划线尺对零件上素线记数；向下移动 28.5mm，划一条横线为第一条线，然后旋转分度盘 5 转又 30 个孔距，划第二条线，以此类推，完成 7 个边的划线。

（5）检测

按图 4-7 所示工件尺寸，检测划线精度。

4.2 铣削等分六面体

4.2.1 相关工艺知识

1. 六面体加工过程

① 选择设备。可选用卧式铣床，也可选用立式铣床。

② 刀具的选用。三面刃铣刀，立铣刀，组合铣刀等。

③ 找正、装夹分度头。

④ 装夹与找正工件。

⑤ 进行分度计算，根据计算值进行分度。

⑥ 选择加工参数，完成铣削加工。

⑦ 检测工件。

2．六面体检验及加工质量分析

（1）检测工件

工件加工后，根据图样要求，测量尺寸（对边宽度）和角度（邻边角度）。

（2）加工质量分析

① 尺寸超差原因。

● 调整铣削层深度时，计算错误；刻度盘摇错或未消除传动间隙。

● 对刀时未考虑外径实际尺寸，表面擦去量未扣除。

● 测量时看错量具读数。

● 铣削时未锁紧分度头主轴。

② 角度不准确原因。

● 分度计算错误。

● 摇错分度手柄，未消除传动间隙。

● 分度叉调整错误。

③ 对称度超差原因

● 同轴度未找正。

● 铣削时两边切削量不等。

④ 两平面不平行原因

● 摇错分度手柄。

● 底部未接平，工件上素线未找正。

● 未找正工件侧素线。

4.2.2 实训项目——加工六角螺母的六角面

六角螺母如图 4-9 所示，预制件为阶梯圆轴，现加工六角面。

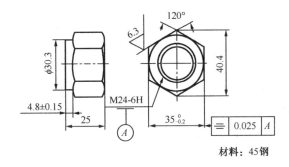

材料：45钢

图 4-9　六角螺母

【操作步骤】

可以选择在卧式或立式铣床上铣削六角面。

1．在卧式铣床上铣六角面

选择卧式万能铣床，用三面刃铣刀加工，操作步骤如下所述。

（1）铣刀的选择与安装

① 选择与安装铣刀

根据图样要求，铣削长度为 20.2mm，因此选用 ϕ100mm、宽 12mm 的直齿三面刃铣刀，并安装在铣刀杆的中间位置上。

② 调整铣削用量

调整主轴转速 n=75r/min，铣床垂向方向进给速度 v_f=95mm/min。

（2）装夹与找正工件

① 安装与校正分度头

将分度头水平安放在工作台中间 T 形槽偏右端，其校正方法与三爪自定心卡盘夹持圆棒校正相同（参见 4.1.1 节）。

② 装夹工件

将带有螺纹的专用心轴装夹在三爪自定心卡盘上，校正心轴的同轴度在 0.05mm 以内，然后将工件用管子钳扳紧在心轴上。

（3）分度计算及分度定位销和分度叉的调整

① 根据简单分度公式，计算分度。

已知公式：n=40/z

将 z=6 代入公式，得 n=40/6=$6\frac{4}{6}$=$6\frac{44}{66}$ 转

② 调整分度定位销。选用 66 孔圈数的分度盘，即每铣完一次后，分度手柄应转过 6 转又 44 个孔距。

（4）铣削操作

① 装夹工件。用三爪自定心卡盘装夹工件，并校正工件上素线与工作台面平行、侧素线与纵向工作台进给方向平行，然后找正 ϕ40.4mm 外圆的跳动不大于 0.04mm，最后夹紧工件。

② 调整铣刀位置。铣削时为了使工件上受到的铣削力与工件旋转方向一致，铣刀应调整在工件的外侧面。

③ 计算每面铣削余量（铣削背吃刀量）：（40.4-35）/2=2.7mm

④ 对刀。铣削背吃刀量（2.7mm）由横向刻度盘控制；铣削侧吃刀量为 20.5mm，由纵向刻度盘控制。调整好铣削层深度和长度后，将横向、纵向工作台紧固。

⑤ 走刀切削。由垂向机动进给铣削一个角面，铣完一面后，分度手柄在 66 孔圈上转过 6 转又 44 个孔距，依次铣完六面，如图 4-10 所示。

⑥ 检测。用千分尺测量六角对边尺寸为 35mm，用游标万能角度尺测量 120°角，如图 4-11 所示。

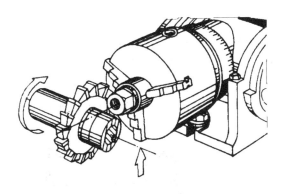

图 4-10　在卧式铣床上用三面刃铣刀铣六角面

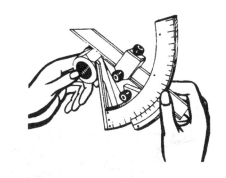

图 4-11　用游标万能角度尺检测六面体角度

2．在立式铣床上铣六角面

在立式铣床上用锥柄立铣刀加工图 4-9 所示零件的六角面，操作步骤如下所述。

（1）铣刀的选择

根据工件图样要求，铣削宽度为 20.2mm，故选用 30mm 的锥柄立铣刀。用变径套将立铣刀安装在立铣头主轴锥孔内，并用拉紧螺杆夹紧刀具；调整主轴转速 n=190r/min，进给速度 v_f=47.5mm/min。

装夹与找正工件、分度计算，以及分度定位销、分度叉的调整与在卧式铣床上铣六角面时相同。

（2）铣削步骤

立式铣床采用垂向控制 35mm 对边尺寸，横向进给工作台为进给铣削，其余与在卧式铣床上铣六角面的铣削步骤相同。

3．在卧式铣床上用组合铣削加工六角面

大批量加工六角面零件时，可采用两把三面刃铣刀在卧式铣床上组合铣削，它能保证产品质量和提高效率。用组合铣削加工图 4-9 所示工件的六角面的操作步骤如下所述。

（1）铣刀的选择与安装

① 选择铣刀

因铣削长度为 20.2mm，故选用直径相同的两把 ϕ100mm×12mm 的直齿三面刃铣刀。

② 安装刀具

按尺寸 35mm，调整好刀杆上两铣刀切削刃间的距离，然后安装到铣床主轴上。

③ 铣刀安装好后，还需试切。经试切如尺寸不符，则应根据实际尺寸调整垫圈厚度，改变两铣刀切削刃间的距离，重新试切，直至尺寸合格。

（2）装夹工件

采用分度头装夹工件，主轴垂直安置。用三爪自定心卡盘夹持螺纹专用心轴（F11 125 型分度头可做成锥柄螺纹心轴直接装入分度头主轴孔的形式），将工件装夹在心轴上。

（3）对刀

① 初步目测切痕对刀。使铣刀两内侧刃刚好与工件外圆相切，即把工件调整到铣刀两侧刃中间位置。开动机床试切，观看外圆上是否同时切出刀痕，如图 4-12 所示。如切痕大小不

一致，则向切痕小的一面移动横向工作台。

② 依据工件外圆表面对刀。使铣刀外侧刃与工件外圆相接触，横向工作台移动一个距离，如图 4-13 所示。

③ 初步对刀后，调整铣削层深度约 1mm，试切出 1mm 深的对边，然后将工件转过 180°，移动纵向工作台，再次切痕，观看两次切痕是否重合。否则根据切痕偏差值的一半调整横向工作台。

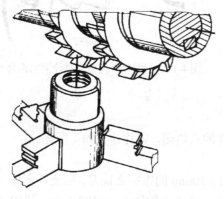

图 4-12　目测切痕对刀

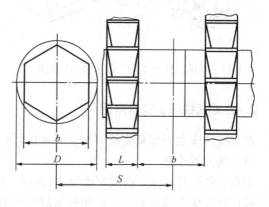

图 4-13　依据工件外圆表面对刀

④ 铣削对刀后，调整好铣削层深度，即可铣削。一次铣完后，分度手柄在 66 孔圈上摇过 6 转又 44 个孔距，依次铣削三次，如图 4-14 所示，即可完成六角面的加工。

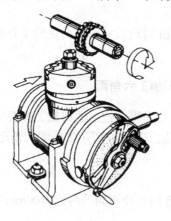

图 4-14　分度操作

4.3　刻线加工

刻线是指在工件表面上刻角度线、圆周等分线或等分刻度线。刻线时铣床的运动是，刻线刀处于静止状态，用手动使铣床工作台作纵向（或横向）移动，或者借助分度头的配合使工件进行圆周分度，从而使刻线刀的刀尖在工件表面刻出刻度线。

4.3.1 相关工艺知识

1. 刻线相关知识

（1）刻线刀

① 刻线刀具。刻线一般可以在铣床上加工。刻线刀具多用高速钢制成，也可用旧的立铣刀、片铣刀、中心钻、钻头、绞刀等改制加工而成。

② 刻线刀的几何角度。刻线刀的前角 γ_0 可取 $0°\sim10°$，刀尖角 ε_0 可取 $50°\sim80°$，后角 α_0 可取 $8°\sim10°$，如图 4-15 所示。

（2）刻线刀、工件的安装

① 用废旧立铣刀改制的刻线刀，可直接安装在铣床主轴孔内，安装时使其前刀面与刻线进给方向垂直。

② 用高速钢磨成的刻线刀，可直接装夹在卧铣刀杆上，也可根据具体情况自制刀架来装夹刻线刀，如图 4-16 所示。

③ 用分度头上的三爪自定心卡盘装夹工件，刻线刀与工件之间的安装位置如图 4-16 所示。

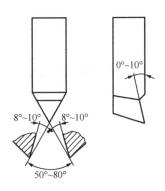

图 4-15　刻线刀

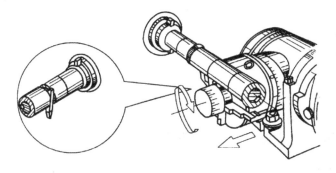

图 4-16　刻线刀的安装

2. 圆柱面刻线加工

（1）圆柱面上刻等分线时工件的装夹和找正

在圆柱工件上刻线时，分度头应水平安装。带孔的盘类工件刻线时，可用心轴装夹工件，轴类工件刻线时可用三爪自定心卡盘装夹。用心轴装夹工件时，应先找正心轴与分度头主轴的同轴度，然后再装夹工件，并找正工件外圆柱面的径向跳动在允许的误差范围内，一般小于 0.003mm。

（2）刻线方法

① 刻线刀对中心。在工件圆周和端面上用划线盘划出中心线，把刻线刀的刀尖对准划出的中心线，并锁紧横向工作台。

② 调整刻线的长度。使刻线刀的刀尖刚刚与工件端面对齐，将纵向进给刻度盘零线与基准线对齐，将刻度盘紧固。下降工作台，摇动纵向进给手柄，在刻度盘上记下长短刻度盘上

的位置。

③ 计算分度手柄的转数。工件的刻线间隔以格为单位时，可用简单分度计算公式计算分度手柄转数。工件的刻线间隔以角度为单位时，用角度分度计算公式计算分度手柄转数。

④ 试刻。调整纵向与垂向工作台，使刻线刀与工件外圆刚刚接触，记下垂向刻度盘的刻度数。降下工作台，退出工件，上升垂向工作台少许，按照图样要求的长度刻出几条线，观察所刻线的粗细与刻线间隔是否合格。如果检查合格可继续刻完，否则需一步调整刻线深度，使刻线合格后，继续刻完全部线格。

3．圆柱面刻线加工检验及质量分析

（1）刻线粗细不均匀

① 工件圆跳动过大。

② 工作时，刻线刀移位或中途磨损。

（2）刻线长短不一致

① 操作不慎，摇错刻度。

② 操作中，机床刻度盘松动。

（3）刻线不等分

① 分度计算错误，或分度叉孔数调整错误。

② 操作时，摇错分度手柄。

③ 分度头传动系统间隙未消除。

（4）线条毛刺过大

① 刻线刀不锋利。

② 刻线刀角度磨得不够准确。

③ 安装刻线刀时，前刀面与进给方向不垂直。

4．平面直线移距刻线加工

（1）平面直线上刻等分线时工件的装夹和找正

在平面工件上刻线时，可直接用机用平口钳装夹工件。将平口钳安放在工作台中间 T 形槽位置上，校正固定钳口与纵向工作台进给方向平行后压紧。在工件下面垫上适当高度的平行垫铁，使工件高出钳口约 5mm 左右，找正工件，使工件上表面与工作台面的平行度在 0.03mm 以内。

（2）刻线移距的方法——刻度盘法

刻度盘法移距刻线的情况有两种：

① 每条刻线的间距为整数值；

② 每条刻线的间距是刻度盘上每一小格移距数值的整数倍。

工件刻线移距值与刻度盘刻线的关系为：

$$n=t/s_1$$

式中　n——手轮应转过的格数；

　　　t——每两条刻线的间距的数值；

s_1——刻度盘每转一小格，工件移距的数值。

（3）刻线移距的方法——主轴交换齿轮法

主轴交换齿轮传动系统如图 4-17 所示。系统组成是在分度头主轴后锥孔内插入交换齿轮的心轴，在心轴和工作台丝杆上安装交换齿轮，并使其啮合构成一个传动系统。改变传动系统中的交换齿轮齿数，即变换传动比，即可由传动系统获得刻线所需要的移距。交换齿轮齿数及分度转数关系的计算公式为：

$$\frac{z_1 z_3}{z_2 z_4} = \frac{40t}{np}$$

式中　z_1、z_3——主动齿轮齿数；

z_2、z_4——从动齿轮齿数；

t——直线间隔距离；

p——纵向工作台丝杆螺距；

n——每次分度手柄转数（推荐 $n=1\sim8$）。

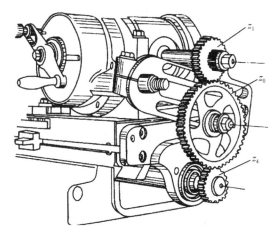

图 4-17　主轴交换齿轮传动系统

5．平面直线移距刻线检验及加工质量分析

① 刻线粗细不均匀，除了与在圆柱面上刻线出现的问题原因相同之外，主要是未找正工件的上平面。

② 刻线长短不一致，其原因与圆柱面刻线相同。

③ 刻线间距大小不一致，其原因是操作时摇错分度手柄。

④ 刻出线条毛刺过大，其原因与圆柱面刻线相同。

4.3.2　实训项目——刻等分圆周线

图 4-18 所示零件除刻线外，各表面均已加工，要求刻等分圆周线。刻线技术要求：圆周 60 条等分刻线，长度为 4mm，每隔 5 等份刻一条长度为 6mm 的线。

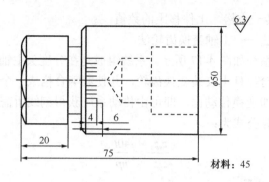

图 4-18　刻线零件图

【操作步骤】

1．刻线刀的安装

用高速钢刀条磨成的刻线刀，需用专用的紧刀垫圈安装。而用立铣刀或锯片铣刀改磨的刻线刀，与铣刀原来的安装方法相同。刻线刀安装要牢固，安装后刻线刀的基面应垂直于刻线进给方向，安装好后应注意锁紧主轴并切断电源，以免刻线时主轴发生转动。

2．工件的装夹与校正

工件在分度头上用三爪自定心卡盘水平装夹，在立式铣床上采用工作台纵向进给的方式进行圆周刻线。装夹工件时，应对工件的径向圆跳动进行校正，以免刻出的刻线深浅不一、粗细不均。

3．对刀、刻线

（1）计算每格刻线手柄的旋转量

根据分度头原理，计算出应用 66 孔数盘，每刻一条线应转 44 个孔距。

（2）划线对中心

在工件圆周和端面上划出中心线，使刻线刀刀尖对准工件中心线后，紧固工作台横向。

（3）调整刻线长度

使刻线刀刀尖对正工件的端面，然后根据图 4-18 所示的零件尺寸，将工作台纵向手柄的刻度盘"对零"锁紧，并在相应移动 4mm 的刻度上做好标记。

（4）刻线

调整工作台，使刀尖轻轻划到工件表面后退出工件，上升工作台 0.1～0.15mm，试刻后视线条清晰程度对刻线深度作适当的调整。通常，刻线深度控制为 0.2～0.5mm。

（5）取下工件

一圈 60 条刻度线刻好后，摇动工作台纵向移动手柄，退出工件；松开三爪自定心卡盘，取下工件。如果加工多件，则应注意工作台的高度和横向位置要保持不变，以减少下一个工件加工时的调整时间。工件取下后，应妥善保管，注意防止表面划伤。

思考题 4

1. 论述分度头的功用。
2. 怎样找正万能分度头的主轴?
3. 什么是分度头的定数?
4. 在 F11 250 分度头上,分别完成简单分度计算:①z=18;②z=34;③z=64。
5. 在卧式铣床上铣正六边形时有哪些操作步骤?
6. 铣六角面可用组合铣刀,铣四角面可以用吗?铣五角面呢?有什么规律?
7. 简述平面等距刻线的操作方法。
8. 简述角度刻线的操作方法。

第5章

铣花键轴、牙嵌离合器

花键连接是传递转矩和运动的同轴偶件，是一种可以传递较大转矩和定心精度较高的连接形式。牙嵌离合器是用爪牙状零件组成嵌合副的离合器。铣削花键轴、牙嵌离合器是常见的加工项目。

 学习目标

- 了解花键轴的相关知识。
- 掌握铣削矩形齿花键轴的方法，进一步熟悉分度头的使用。
- 掌握铣削矩形齿花键轴的检测方法。
- 了解牙嵌离合器的种类。
- 了解牙嵌离合器的齿形特点。
- 掌握铣削牙嵌离合器的方法。

5.1 铣矩形齿花键轴

矩形齿花键轴是机械设备中广泛应用的零件之一。批量生产花键轴一般是在专用设备上加工的。单件及小批量生产时，通常在卧式铣床或立式铣床上利用分度头进行铣削加工。通过对花键轴的铣削，对进一步熟悉分度头的使用具有很重要的意义。

5.1.1 相关工艺知识

1. 花键轴知识

（1）花键连接简介

在机械传动中由花键轴和花键孔组成花键连接。花键连接是传递转矩和运动的同轴偶件，是一种可以传递较大转矩和定心精度较高的连接形式。在机床、汽车等机械的变速箱中，大都采用花键齿轮套与花键轴配合的滑移作为变速传动，其应用十分广泛。

在花键中，按齿廓形状不同可分为矩形花键和渐开线花键两类，其中矩形花键的齿廓呈矩形，加工容易，应用更为广泛。矩形花键连接的定心（花键副工作轴线位置的限定）方式有三种：内径定心、外径定心和键侧定心，如图 5-1 所示。

　　成批、大量的外花键（花键轴）在花键铣床上用花键滚刀按展成原理加工，这种加工方法具有较高的加工精度和生产率，但必须具备花键铣床和花键滚刀。在单件、小批量生产或缺少花键铣床等专用设备的情况下，常在铣床上利用分度头装夹，分度铣削矩形齿花键。

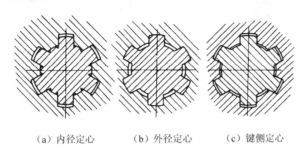

（a）内径定心　　　　（b）外径定心　　　　（c）键侧定心

图 5-1　定心方式

　　（2）矩形齿花键的加工方法

　　用铣床铣削花键轴，主要适用于单件生产或维修，也用于以外径定心的矩形齿花键轴及以键侧定心的矩形齿花键轴的粗加工，这类花键轴的外径或键侧精度通常由磨削加工来保证。在铣床上对花键轴键侧面的铣削方法主要有三面刃铣刀铣削法和成型铣刀铣削法两种。成型铣刀制作起来比较困难，所以通常情况下，多采用三面刃铣刀铣削键侧面，铣削时可分为单刀铣削和组合铣刀铣削。

　　当键侧精度要求较高、加工花键轴的数量较多时，可用硬质合金组合铣刀盘铣削键侧。硬质合金组合铣刀盘上共有两组铣刀头，每组两把，其中一组为铣键侧用，另一组为加工花键两侧倒角用。每组刀的左右月齿肩距离及中心位置均可根据键宽或花键倒角的大小及位置调整。

　　工件的精铣余量一般为 0.15～0.20mm。铣削速度可选取 120m/min 以上，进给速度可选取 150～375mm/min。精铣后的键侧表面粗糙度 Ra 为 1.60～0.80μm，一定程度上可代替花键磨床的加工。

2. 铣削花键轴

　　（1）选择刀具与切削用量

　　加工花键轴，选用三面刃铣刀铣键侧，如图 5-2（a）所示；锯片铣刀粗铣；成型刀头精铣小径圆弧，如图 5-2（b）所示。

　　三面刃铣刀的直径应尽可能小。用单个铣刀铣键侧时，对于齿数小于 6 的花键，一般无须考虑铣刀的宽度。当齿数多于 6 时，过大的铣刀宽度将使铣刀与花键轴的邻齿干涉，因此，三面刃铣刀的宽度应小于小径上两齿间的弦长。

　　（2）装夹并校正工件

　　安装好分度头及其尾座后，采用"一夹一顶"的方式装夹工件。先校正工件两端的径向圆跳动，然后校正工件上素线与工作台台面平行、侧素线与工作台纵向进给方向平行。

　　（3）铣矩形键侧

　　① 划线。在工件端面划线，划出工件的中心线和键宽线。

　　② 装夹工件。

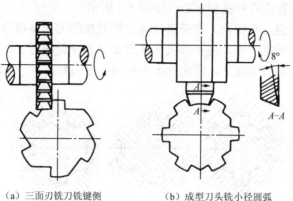

（a）三面刃铣刀铣键侧 （b）成型刀头铣小径圆弧

图 5-2 铣花键轴

③ 对刀。手动分度头将工件上划有键宽的线转至工件上方，并与铣刀相对，通过试切，对正铣刀中心。调整三面刃铣刀使其端面刃距键宽线一侧约 0.3～0.5mm。开动机床，上升工作台，使铣刀轻轻划过工件。然后纵向退出工件，根据侧吃刀量 a_e（切深值）调整工作台上升量 H。工作台上升量 H 可按下式调整：

$$H=(D-d)/2+0.5 \tag{5-1}$$

式中　H——工作台上升量；

　　　D——花键外径；

　　　d——花键内径。

④ 试铣。按 H 值上升工作台，即确定铣削键齿的深度。试铣削键侧。

⑤ 铣出一个键侧面。试铣后把 90° 角尺的尺座紧贴工作台面，尺苗侧面紧靠工件一侧。测量键侧距尺苗的水平距离 S。在理论上，水平距离 S 与其外径 D 和键宽 b 的关系为：

$$S=(D-b)/2$$

式中　S——尺苗的水平距离；

　　　D——外径；

　　　b——键宽。

实测尺寸若与理论值不相符，则按差值重新调整横向工作台位置，再次试铣后重新测量，直至符合要求。若齿侧还要进行精铣工序，则调整时可考虑单侧留出 0.15～0.2mm 的余量。

⑥ 铣出所有齿同一面齿侧面。铣出一个齿的侧面后，锁紧横向工作台，依次分度定位，逐一铣出各齿同一面齿侧面。

⑦ 铣出另一面齿侧面。完成键齿同一侧面的铣削后，将工作台横向移动一个距离 A，如图 5-3 所示，铣削键齿的另一侧面，通过试切，达到加工要求。

由图 5-3 可知，工作台移动距离 A 与铣刀宽度 B 和键宽 b 的关系为：

$$A=B+b+2(0.2～0.3)$$

⑧ 铣出所有齿另一面齿侧面。铣出一个齿的另一侧面后，锁紧横向工作台，依次分度定位，逐一铣出各齿另一面齿侧面。

（4）矩形外花键检测

检测外花键的方法与检测键槽的方法基本相同，在单件和小批量生产时，使用千分尺检测键的宽度，用千分尺检测小径，等分精度由分度头保证，必要时可用百分表检测外花键键侧的对称度，如图5-4（a）所示，在成批和大量生产中，可用如图5-4（b）所示的综合量规检测。检测时，先用千分尺或卡规检测键宽，在键的宽度不小于最小极限尺寸的条件下，以综合量规能通过为合格。

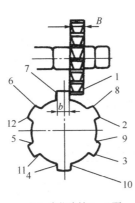

（a）先依次铣1～6面　　　　　（b）工作台移动后，依次铣7～12面

图5-3　铣削花键步骤

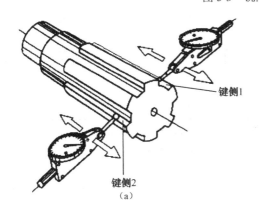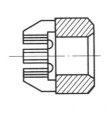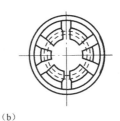

（a）　　　　　　　　　　　　　　　　（b）

图5-4　矩形外花键检测

（5）铣小径圆弧面

① 锯片铣刀粗铣。矩形齿之间的槽底有凸起余量，需用厚度2～3mm的细齿锯片铣刀，把槽底修铣成接近圆弧的折线槽底面。

用锯片铣刀铣削小径圆弧时，应先将铣刀对准工件的中心，然后将工件转过一个角度，调整好切削深度，开始铣削槽底圆弧面。铣槽底面时每完成一次切削，将工件转过一个角度后再次铣削。每次工件转过的角度越小，铣削进给的次数就越多，槽底就越接近圆弧面。

② 成型刀头精铣。用锯片铣刀粗铣小径圆弧后，用成型刀头精铣槽底圆弧面。将成型刀头通过专用的刀夹装夹在铣刀轴上。成型刀头需要对中心，使圆弧刀头以花键轴的轴线为中心。其方法是使花键两肩部同时与刀头圆弧接触，即刀头对正中心。刀头对中后将工件转过1/2个花键等分角，使花键轴小径与成型刀头圆弧相对。

启动主轴之前应先手动转动主轴，而成型刀刃不碰工件，然后将主轴转速调至300r/min，启动主轴，试铣圆周上相对的两段小径圆弧，然后用千分尺检测槽底圆弧直径。尺寸符合要求后，铣削其余各段小径圆弧。

3．检验

在单件、小批量生产中，一般用通用量具（游标卡尺、千分尺和百分表等）对花键轴各单一检测要素的偏差进行检测。

在大批量生产中，对花键轴的检验则通过综合量规和单项止端量规相结合的方法。用综合量规可同时检验内径、外径、键宽的尺寸，以及其位置尺寸等项目的综合影响，以保证花键的配合要求和安装要求。综合量规相当于通端卡规，因此还需与单项止端量规（卡板）共同使用。检验时若综合量规通端通过，而止端不通过，则花键合格。

矩形齿外花键加工质量如表 5-1 所示。

表 5-1　矩形齿外花键加工质量

问　题	产　生　原　因	对　策
槽宽尺寸 不正确	1．铣刀磨损 2．刀轴弯曲，铣刀摆差大 3．键槽铣刀安装不好，与主轴同轴度差	1．调换或重磨铣刀 2．调换或校正刀轴 3．重新安装、调整铣刀
槽底与轴线 不平行	1．工件装夹不好 2．铣刀被铣削力拉下	1．找正工件，重新装夹，使轴线与工作台面平行 2．将铣刀安装牢靠。适当减小铣削用量
键槽对称性 不好	1．对刀偏差大，铣刀让刀量大 2．修正时，偏差方向搞错	1．认真对刀，控制让刀量，根据让刀方向调整工件位置 2．搞清偏差方向，准确移动工作台
表面粗糙度差	1．铣削用量选择不当 2．铣刀磨钝 3．切削液使用不当	1．选择合理的铣削用量 2．调换或重磨铣刀 3．正确使用切削液
槽侧与工作母线 不平行	1．工件侧母线与进给方向不平行 2．加工过程中工件移动	1．认真校正夹具和工件 2．牢固地夹紧工件
封闭槽的长度 尺寸不正确	3．工作台自动进给关闭不及时 4．纵向工作台移动距离不对，移动时槽长未减铣刀直径	3．认真操作，及时关闭自动进给 4．事先划好长度线或在工作台侧面做标记，移动距离等于槽长减铣刀直径

5.1.2　实训项目——铣削花键轴

图 5-5 所示工件的圆柱体部分已经车削完成，要求铣加工矩形花键齿。

【操作步骤】

1．读图

该花键轴的外径为 $\phi40mm$，内径为 $\phi30mm$，花键的高为 5mm，宽为 8mm，花键长 120mm，轴的两端各有直径 $\phi25mm$、长 30mm 的轴头，铣削前应加工 $\phi25mm$ 和 $\phi40mm$ 的圆，由车削完成。

　　该工件是一根外径定心的轴，花键为矩形。在铣床上铣花键，有单刀铣削、组合铣刀铣削及成型铣刀铣削三种方法。

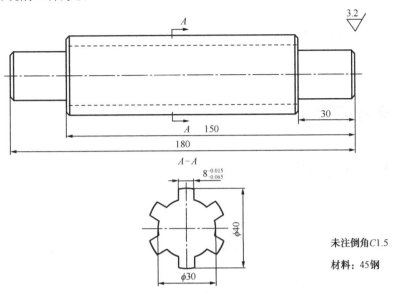

图5-5　铣削花键轴工件

2．铣削加工

（1）选择刀具、切削用量

选用ϕ80mm×8mm×27mm的三面刃铣刀。在X6132型铣床上安装好三面刃铣刀，调整主轴转数为118r/min，进给速度为95mm/min。

（2）工件的装夹和校正

先把工件的一端装夹在分度头的三爪自定心卡盘内，另一端用尾座顶尖顶紧，然后用百分表按下列三个方面进行校正。

　　① 工件两端的径向跳动量。

　　② 工件的上母线相对于纵向工作台移动方向的平行度。

　　③ 工件的侧母线相对于纵向工作台移动方向的平行度。

（3）对刀

将铣刀端面刃与工件侧面轻微接触，退出工件。横向移动工作台，使工件向铣刀方向移动距离S：

$$S=\frac{D-b}{2}=\frac{40-8}{2}=16\text{mm}$$

式中，b为键宽，mm；D为花键轴外径，mm。

（4）铣削键侧

先铣削键侧的一面，依次分度将同侧的各面铣削完，然后将工作台横向移动，再铣削键的另一侧面。在一般情况下，铣削键侧时，取实际切深（即键齿高度）比图样尺寸大0.1～1.2mm。

（5）铣削槽底圆弧面

采用小直径锯片铣刀铣削，先将铣刀对准工件轴心，然后调整吃刀量 H：

$$H = \frac{D-d}{2}$$

每铣削一刀后，摇动分度手柄，使工件转过一个小角度，再继续铣削。每次转过的角度越小，槽底圆弧越精确。

5.2 铣牙嵌离合器

5.2.1 相关工艺知识

1. 矩形牙嵌离合器

牙嵌离合器是用爪牙状零件组成嵌合副的离合器。依靠齿牙的嵌入和脱开来传递或切断动力。根据齿形展开的不同几何特点，可分为矩形齿、梯形齿、三角齿、螺旋齿和锯齿形齿等几种；按轴向截面中齿高的变化又可分为等高齿离合器和收缩齿离合器两种。

（1）牙嵌式离合器结构特征

① 各齿的齿侧面都必须通过离合器的轴线或向轴线上一点收缩，即齿侧必须是径向的。从轴向看端面上的齿，齿与齿槽呈辐射状。

② 对于等高齿（矩形齿和梯形等高齿）离合器，其齿顶面与槽底面平行。

③ 对于收缩齿（尖齿形齿、锯齿形齿和梯形收缩齿）离合器，在轴向截面中，齿顶和槽底不平行而呈辐射状，即齿顶和槽底的延长线及它们的对称中心线都汇交于轴上的一点。

（2）牙嵌离合器的主要技术要求

牙嵌离合器一般都是成对使用的。为了保证准确啮合、获得一定的运动传递精度和可靠地传递转矩，两个相互配合的离合器必须同轴，齿形必须吻合，齿形角必须一致。牙嵌离合器的主要技术要求如下。

① 齿形准确。齿侧平面通过工件轴线或齿面向轴线上一点收缩。保证齿槽深度，以使矩形齿离合器顶部宽度略小于齿槽底部宽度，其余齿形齿顶宽度一般均略大于齿槽底部宽度。相接的两个离合器的齿形角必须正确一致。

② 同轴精度高。齿形的轴线（汇交轴）应与离合器装配基准孔的轴线重合（偏移要小）。

③ 等分精度高。对应齿侧的等分性和齿形所占圆心角应一致。

④ 表面粗糙度值小。牙嵌离合器的齿侧面是工作表面，其表面粗糙度 Ra 的值为 3.2μm，甚至 1.6μm。

⑤ 齿部强度高，齿面耐磨性好。

2. 牙嵌离合器的加工

（1）装夹工件起度角

在铣床上铣削牙嵌离合器时，通常工件装夹在分度头的三爪自定心卡盘内，工件轴线应与分度头主轴轴线重合。铣削等高齿离合器时，分度头主轴轴线与工作台面垂直；铣削收缩齿离合器时，由于收缩齿的槽底与工件轴线不垂直，夹角为 α，所以分度头主轴轴线与工作台台面应保持一个夹角 α（称为起度角，即分度头主轴倾斜角）。

（2）铣削牙嵌离合器刀具

铣削牙嵌离合器时，铣刀主要根据齿槽形状选择：铣削矩形齿离合器时选用三面刃铣刀或立铣刀，铣削尖齿形齿离合器时选用对称双角铣刀，铣削锯齿形齿离合器时选用单角铣刀，铣削梯形收缩齿离合器时选用梯形槽成铣刀，铣削梯形等高齿离合器时则选用专用铣刀（常将三面刃铣刀或双角铣刀按要求改制而成）。

3．矩形牙嵌离合器的检验及加工质量分析

矩形牙嵌离合器的检验及加工质量分析如表 5-2 所示。

表 5-2　矩形牙嵌离合器的检验及加工质量分析

质 量 问 题	原 因 或 对 策	离合器齿形
齿侧工作面粗糙度超差	1．铣刀磨钝或刀具跳动 2．进给量过大 3．装夹不可靠 4．传动系统间隙过大 5．未用切削液	各种齿形
槽底未接平，有较明显的凸台	1．分度头主轴与工作台面不垂直 2．盘铣刀柱面齿刃口有缺陷；立铣头轴线与工作台面不垂直 3．升降台移动，刀轴松动或刚性差	矩形齿、梯形等高齿
尖齿或锯齿形牙嵌离合器结合后齿侧不贴合	1．齿槽铣削得太深，造成齿顶过尖，使齿顶搁在槽底，齿侧不能啮合 2．分度头仰角计算或调整有错误	尖齿或锯齿形齿
离合器结合后接触齿数太少或无法嵌入	1．分度误差较大 2．齿槽角铣削得太小 3．工件装夹不同轴 4．对刀不准 5．各螺旋面起始位置不准确或各螺旋面不等高	矩形齿、梯形齿、尖齿、螺旋齿
离合器结合后贴合面积不够	1．工件装夹不同轴 2．对刀不准	各种齿形
	分度头主轴与工作台面不垂直或不平行	直齿面齿形
	偏移距计算或调整有错误	螺旋齿
	刀具廓形角不符合或分度头仰角计算或调整有错误	斜齿面齿形

5.2.2 实训项目——铣削牙嵌离合器

铣削图 5-6 所示牙嵌离合器工件。

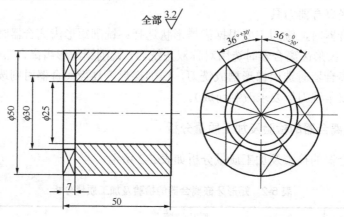

图 5-6 铣削牙嵌离合器工件

【操作步骤】

1. 读图

该离合器为矩形齿牙，齿数为 5，外径为 $\phi50\text{mm}$，内径为 $\phi30\text{mm}$，齿高为 7mm。

2. 铣削加工

（1）刀具选择

铣削矩形齿牙嵌离合器一般选用三面刃铣刀、槽铣刀或立铣刀。三面刃铣刀的宽度和直径应通过计算确定。

铣刀宽度 B 的计算公式为：

$$B \leqslant \frac{d_1}{2}\sin\frac{180°}{z} = \frac{d_1}{2}\sin\alpha$$

式中，B 为三面刃铣刀的宽度，mm；d_1 为离合器齿部内径，mm；z 为离合器齿数；α 为齿槽角。

三面刃铣刀的外圆直径 D 为：

$$D \leqslant \frac{d_1^2 + T^2 - 4B^2}{T}$$

式中，D 为三面刃铣刀允许最大直径，mm；B 为三面刃铣刀宽度，mm；d_1 为离合器齿部内径，mm；T 为离合器齿槽深，mm。

当计算出的铣刀宽度 B 不是整数或不符合标准铣刀的尺寸规格时，应尽量选用较大宽度的标准三面刃铣刀。因铣削奇数齿离合器时，铣刀可在端面穿通，故三面刃铣刀的直径不需计算。

（2）铣削

图 5-7 所示为采用三面刃铣刀铣削奇数齿离合器的方法，离合器的齿数为 5。

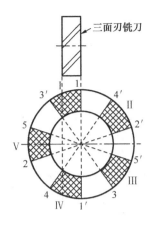

图 5-7 三面刃铣刀铣削奇数齿离合器（离合器端面视图）

铣削时，沿图 5-7 所示的 $1-1'$、$2-2'$、$3-3'$、$4-4'$、$5-5'$ 的方向进给，穿过离合器的整个端面。经过 5 次铣削行程，即完成了各槽的左、右两个侧面的加工。

（3）获得齿侧间隙的方法

铣削奇数齿离合器时获得齿侧间隙的方法有两种。

① 对刀时使铣刀侧刃偏离工件中心一个距离 e（通常 $e=0.1\sim0.5\text{mm}$），如图 5-8（a）所示。采用此方法加工的离合器由于齿侧面不通过轴心线，离合器结合时，齿侧面只有外圆处接触，对承载能力有一定影响，故适用于加工精度要求不高或软齿面的离合器。

② 对刀时使铣刀侧刃通过工件中心，在奇数齿离合器铣削完成后，使离合器转过一个角度 $\Delta\theta=1°\sim2°$，再铣削一次，将所有齿的左侧和右侧切去一部分，如图 5-8（b）所示。此时，$\Delta\theta=$(齿槽角－齿面角)／2。采用该方法加工的离合器，全部齿面均通过轴心线的径向平面，齿侧面贴合较好，适用于要求精度较高的离合器加工，但铣削次数较上一种方法多。

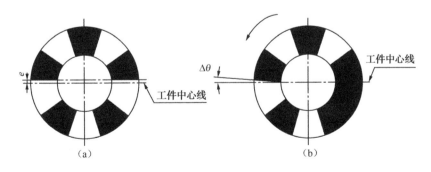

图 5-8 获齿侧间隙的方法

（4）工件的装夹和对刀等操作方法

① 擦边对刀法。

② 划线法。

③ 对于精度要求较高的离合器，可采用千分尺对试切件进行检查，然后修正对刀的位置。

思考题 5

1. 为什么若花键轴不以其内径定心，则可以在铣床上加工？

2. 用单刀铣削矩形齿外花键，工件一般用什么方法装夹？怎样找正工件？

3. 用单刀铣削矩形齿外花键，如何对刀？

4. 怎么样处理铣削时槽底与轴线不平行的问题？

5. 矩形离合器获得齿侧间隙的方法有哪两种？各有什么特点？

6. 锯齿形离合器铣削时如何选用铣刀？

7. 牙嵌离合器的装配基准部位是什么？铣削离合器时如何选择定位基准以保证齿形与装配基准的同轴度？

第6章

在铣床上钻孔、扩孔、铰孔及镗孔

孔的技术要求主要有尺寸精度、形状精度、孔的位置精度及孔的表面粗糙度等。中小型孔和相互位置不太复杂的多孔工件可以在铣床上加工，如钻孔、铰孔、镗孔等。加工有一定精度的孔时，通常也是在铣床上进行的。

学习目标

- 了解麻花钻几何角度，掌握刃磨麻花钻操作方法。
- 正确操作钻孔，了解保证钻孔质量的注意事项。
- 了解铰孔工艺范围，掌握铰孔操作方法。
- 熟悉铰孔切削液选用。
- 了解镗孔工艺范围和加工质量。
- 熟悉铣床常用镗刀种类。
- 掌握镗单孔时的三种对刀方法。

6.1 钻孔

6.1.1 相关工艺知识

钻孔常用刀具是麻花钻，麻花钻钻孔精度一般在 IT12 左右，表面粗糙度值为 12.5μm。

1. 麻花钻

（1）麻花钻的结构

标准麻花钻由刀体、颈部和刀柄组成，如图 6-1 所示。颈部是刀体与刀柄的过渡部分，标记材料牌号和钻头规格（直径）等。刀柄是麻花钻上的夹持部分，用来传递切削时的转矩，并起定心作用。麻花钻的刀柄分为直柄和莫氏锥柄。直柄一般用于小直径钻头，将直径在 13mm 以下的麻花钻制成直柄，如图 6-1（a）所示；锥柄一般用于大直径钻头，如图 6-1（b）所示。按麻花钻长度分，分为基本型和短、长、加长、超长等类型的钻头。

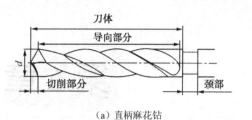

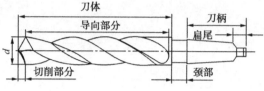

(a) 直柄麻花钻　　　　　　　　　(b) 锥柄麻花钻

图 6-1　麻花钻

刀体包括切削部分和导向部分。切削部分主要起切削工件的作用。麻花钻在其轴线两侧对称分布着两个切削部分。切削部分的前面是两螺旋槽槽面，后面是位于顶端的两个曲面，两后面相交线称为横刃，前面与后面相交形成主切削刃。导向部分在钻削时沿进给方向起引导和修光孔壁的作用，同时还是切削部分的后备。导向部分包括副切削刃、第一副后面（刃带）、第二副后面及其螺旋槽等，如图 6-2 所示。

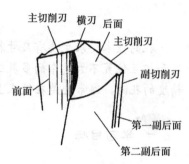

图 6-2　麻花钻钻头部分

（2）麻花钻的刃磨的基本要求

① 两条主切削刃应长度相等，同时两刃与轴线的夹角也应相等（对称）。不许有钝口或蹦刃存在。

② 根据加工材料确定合适的顶角（$2K_r$）。钻头顶角 $2K_r$ 一般选在 $80°\sim140°$ 之间，工件材料硬时选较大的顶角，工件材料软时选较小的顶角，常用的钻头顶角为 $118°$。

③ 磨出恰当的后角，以确定正确的横刃斜角 ϕ。通常的横刃斜角 ϕ 为 $50°\sim55°$。

切削刃用钝或因不同的钻削要求而需要改变麻花钻切削部分的几何形状时，需要对其进行刃磨。麻花钻的刃磨，主要是刃磨两个后面（即刃磨主切削刃）并修磨前面（横刃部分）。

（3）刃磨麻花钻

① 刃磨顶角。刃磨前需要检查砂轮表面是否平整，若砂轮表面不平整或有跳动现象，则必须对砂轮进行修整。刃磨时应始终将钻头的主切削刃放平，置于砂轮轴线所在的水平面上，并使钻头轴线与砂轮圆周线的夹角为顶角 $2K_r$ 的 1/2，即夹角为 K_r，如图 6-3 所示。

② 刃磨后角。刃磨时一手握钻头前端，以定位钻头；另一手捏刀柄，进行上下摆动，并略转动，将钻头的后面磨去一层，形成新的切削刃口。刃磨时，钻头的转动与摆动的幅度都不能太大，以免磨出负后角或磨坏另一条切削刃。

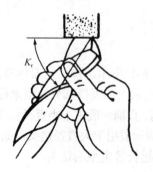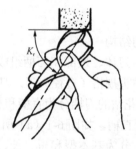

图 6-3　刃磨顶角

用同样的方法刃磨另一主切削刃和后面，也可以交替刃磨两条主切削刃，如图 6-4 所示。刃磨后检查合格方可使用。

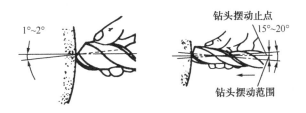

图 6-4　刃磨后角

③ 刃磨横刃。刃磨横刃就是把麻花钻的横刃磨短。用砂轮缘角刃磨钻心处的螺旋槽，一方面可将钻心处的前角增大，另一方面能将钻头的横刃磨短，如图 6-5 所示，可以有效地减小切削阻力，增强钻头的定心效果。通常，直径在 $\phi 5mm$ 以上的麻花钻都需要刃磨横刃，刃磨后的横刃长度为原来的 1/5～1/3，同时要严格保证刃磨后的螺旋槽面和横刃仍对称分布于钻头轴线的两侧。

（4）安装麻花钻

如果钻头锥柄的锥度与主轴孔的锥度相同，则可以在铣床主轴上直接安装钻头；若两者不同，则需要加装对应的过渡锥套进行安装，如图 6-6 所示。

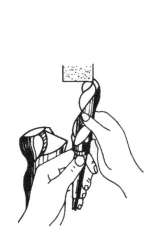

图 6-5　刃磨横刃

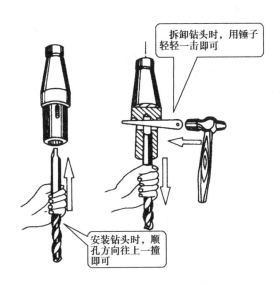

拆卸钻头时，用锤子轻轻一击即可

安装钻头时，顺孔方向往上一撞即可

图 6-6　锥柄钻头的安装

直柄钻头需要选择合适的钻夹头，如图 6-7 所示。按图中箭头所指的方向旋转钻夹头，可夹紧钻头；反之则松开。

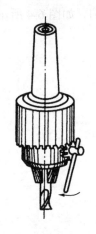

图6-7 直柄钻头的安装

2. 钻孔切削用量

（1）切削速度 v_c

切削速度是麻花钻切削刃外缘处的线速度，其计算式为：

$$v_c = \frac{\pi d n}{1000} \, (\text{m/min})$$

式中 v_c——切削速度；

　　　　d——钻头直径；

　　　　n——主轴转速。

切削速度 v_c 的选择要根据钻头材料、工件材料和所钻孔表面粗糙度等确定。一般在铣床上钻孔时，由工件做进给运动，因此切削速度应选低一些。此外，当所钻直径较大时，也应在切削速度范围内选择低一些。

（2）进给量 f

麻花钻每回转一周，麻花钻与工件在进给方向（麻花钻轴向）上的相对位移量，称为每转进给量 f（单位 mm/r），如图6-8所示。麻花钻为多刃刀具，有两条刀刃（即刀齿），其每齿进给量为 f_z（单位 mm/z）等于每转进给量的一半，即

$$f_z = \frac{1}{2} f$$

钻孔时进给量的选择与所钻孔直径的大小、工件材料及孔表面质量要求等有关。在铣床上钻孔一般采用手动进给，但也可采用机动进给。每转进给量 f 在加工铸铁和有色金属材料时可取 0.15～0.50mm/r，加工钢件时可取 0.10～0.35mm/r。

（3）背吃刀量 a_p

背吃刀量 a_p 一般指已加工表面与待加工表面间的垂直距离，如图6-8所示。钻孔时的切削深度，即背吃刀量等于麻花钻直径的一半，即 $a_p = \frac{1}{2} d$。

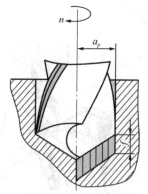

3. 钻孔方法

在铣床上钻孔常用的夹具有压板、平口钳等，如图6-9所示。单件、小批量加工时钻孔操作步骤如下。

（1）划线

钻孔前，按照图样上的钻孔位置，在工件上划出孔的中心线及孔的轮廓线，并在孔中心位置及各圆周上（各交点上）打样冲眼。

图6-8 钻削图解

（2）预钻锪窝

刚开始钻孔时，以手动调整工作台（即移动工件），目测使钻头轴线与工件孔中心重合，然后略钻一个浅坑，观察孔位置是否偏斜。若钻头轴线对准孔中心，则可进行钻孔。

（3）钻削操作

对于通孔，在钻头即将钻通时，应减慢进给速度，以防止钻头突然出孔，折断钻头。如

果孔距的精度要求较高，则应采用中心孔作导向。若是多孔的工件，则可利用铣床工作台进给手柄刻度盘上的刻度来控制工作台的移动距离，准确地按其中心距对下一个孔的位置进行定位，同时还可以参照孔的划线位置，进一步确定孔的位置是否正确。如果孔坑偏斜，则应校准。方法是：在浅孔坑与划线距离较大处錾几条浅槽，落下钻头试钻，待孔坑校准后才可以钻孔。

对于工件直径较大或是圆周等分的孔，可将工件用压板装夹在回转工作台上进行钻孔。钻孔前，应先校正回转工作台主轴轴线与工作台台面垂直，并校正圆周等分孔的回转轴线与回转工作台主轴轴线相重合。

（4）钻孔注意事项

① 选择的钻头，直线度要好。横刃不宜太长。切削刃应锋利、对称，无崩刃、裂纹、退火等缺陷。

② 钻孔时，应经常退出钻头以断屑、排屑，防止切屑堵塞钻头。

③ 孔即将钻通时，进给速度要慢，以防止钻头突然出孔而发生事故。

④ 用钝的钻头不能使用，应及时进行刃磨或更换。

⑤ 如果工件钻孔直径较大，则可先用小钻头进行引钻。若加工钢件，则应保证充足地浇注切削液。

⑥ 只能用毛刷清除切屑，或用铁钩去拉长切屑。严禁用嘴吹切屑，或用手直接拉切屑。主轴未停止转动时，严禁戴手套操作。

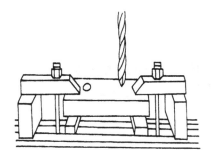
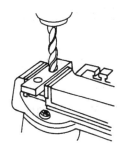

图 6-9　钻孔时工件的装夹

6.1.2　实训项目——钻孔

图 6-10 所示工件的平面部分、外圆及 ϕ30mm 孔已经加工完，现在要求在立式铣床上钻削 4mm×ϕ10mm 和 4mm×ϕ15mm 的孔。

【操作步骤】

① 按图样要求，划出各孔的中心位置线和孔的轮廓线，按照要求打样冲眼。

② 擦净机床表面后，在床面上涂抹润滑油。安装回转工作台，并校正回转工作台轴线与立铣头轴线平行，且两轴线的距离尺寸为 47.5±0.05mm，将其纵向、横向进给紧固。

③ 用回转工作台心轴，定位圆盘工件上已加工好的中心内孔。将 4 块等高的小垫块垫在工件下面（注意，垫块位置应避开钻孔位置），用压板和螺栓压紧。

④ 在铣床上安装 ϕ10mm 的钻头。

⑤ 调整回转工作台，使钻头轴线对准钻孔中心后，紧固回转工作台。打开切削液，开始钻孔。

⑥ 先用φ10mm 的钻头钻出 8 个均布的孔，再用φ15mm 的钻头按照孔的位置扩钻出 4 个均布的φ15mm 的孔。

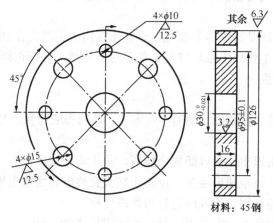

图 6-10　圆盘图

6.2　在模板上扩孔、铰孔

钻孔的精度一般为 IT12，表面粗糙度 Ra 的值为 12.5μm。模板零件中孔的精度要求较高，所以不能仅用钻孔加工，而需要增加扩孔、铰孔、镗孔等方法加工。

6.2.1　相关工艺知识

1. 扩孔

扩孔是对已钻出、铸（锻）出或冲出的孔进行进一步加工，其生产率优于钻孔。扩孔对于预制孔的形状误差和轴线的偏斜有修正能力，其加工精度可达 IT10，表面粗糙度值为 6.3～3.2μm。

扩孔多采用扩孔钻，如图 6-11 所示，也可以采用立铣刀或镗刀扩孔。扩孔钻一般为 3～4 个切削刃，切削导向性好；扩孔钻扩孔加工余量小，一般为 2～4mm；扩孔钻的容屑槽较麻花钻小，刀体刚度好；没有横刃，切削时轴向力小。

2. 铰孔

铰孔是对已加工孔进行微量切削，是一种对孔半精加工和精加工的方法，铰孔精度一般为 IT9～IT6，表面粗糙度值为 1.6～0.4μm。但铰孔一般不能修正孔的位置误差，所以在铰孔之前，孔的位置精度应该由上一道工序保证。

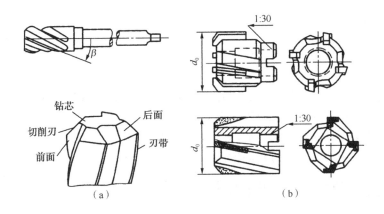

图 6-11　扩孔钻

常用铰刀如图 6-12 所示。铰刀由工作部分、颈部和柄部三部分组成。其柄部形式有直柄、锥柄和套式三种。铰刀的工作部分（即切削刃部分）又分为切削部分、校准部分和倒锥部分。

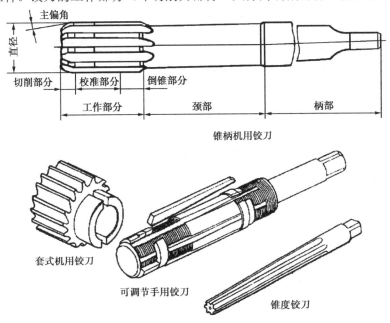

图 6-12　常用铰刀

铰孔是对已加工孔进行微量切削，其合理切削用量如下：背吃刀量取铰削余量（粗铰余量为 0.015～0.35mm，精铰余量为 0.05～0.15mm），采用低速（粗铰钢件为 5～7m/min，精铰为 2～5m/min）切削进给量一般为 0.2～1.2mm/r（进给量太小会产生打滑和啃刮现象）。

在铣床上用普通高速钢铰刀铰孔，加工材料为铸铁时，切削速度 $v_c \leqslant 10$m/min，进给量 $f \leqslant 0.8$mm/r；加工材料为钢时，切削速度 $v_c \leqslant 8$m/min，进给量 $f \leqslant 0.4$mm/r。

同时，铰孔时要合理选择冷却液，由于铰削的加工余量小，切屑都很细碎，容易黏附在刀刃上，会夹在孔壁与铰刀棱边之间，将已加工表面刮毛，所以选用的切削液应具有较好的流动性和润滑性。具体选择时，在钢材上铰孔宜选用乳化液，在铸铁件上铰孔用煤油。

3．铰孔注意事项

① 在铣床上安装铰刀，有浮动连接和固定连接两种方式。固定连接时，必须防止铰刀偏摆，否则孔径尺寸将被扩大。

② 固定安装铰刀时，最好钻孔、镗孔和铰孔连续进行，以保证加工精度。

③ 铰通孔时，铰刀的校准部分不能全部出孔外。

④ 铰刀不能采用反转退刀，一般不采用停车退刀。

⑤ 铰刀是精加工刀具，用过后应擦净、涂油，并妥善放置。

6.2.2　实训项目——加工模板孔

模板如图 6-13 所示。模板的平面部分已经加工完，现在铣床上加工孔。

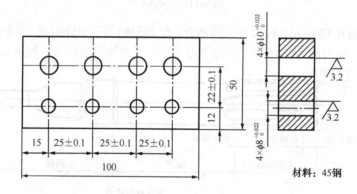

图 6-13　模板零件

【操作步骤】

1．图样技术分析

孔的位置精度（位置尺寸公差）为 0.2mm，采用划线加工，可以保证精度。

4mm×ϕ8mm 孔的尺寸公差为 H8，应该采用钻→铰孔工艺，查工艺手册钻孔到尺寸ϕ7.8mm，铰孔到尺寸ϕ8mm，铰孔余量 0.2mm。

4mm×ϕ10mm 孔的尺寸公差为 H8，应该采用钻→铰孔工艺，查工艺手册钻孔到尺寸ϕ9.8mm，铰孔到尺寸ϕ10mm，铰孔余量 0.2mm。

2．钻→铰孔操作

① 按图样要求，划出各孔的中心位置线，并准确打样冲眼。

② 擦净机床表面的润滑油后，安装平口钳，并校正钳口与纵向进给方向平行。

③ 选择一对宽度为 5mm、高度为 15mm 左右的平行垫铁，分别擦净、靠紧两个钳口面，放在钳身导轨面上。将工件表面擦净后放在垫铁上进行装夹。

④ 按ϕ8mm 孔径尺寸，安装麻花钻ϕ7.8mm。

⑤ 选用合适的主轴转速开车。调整工作台位置，使钻头轴线对准被钻孔中心后，将其纵向和横向的进给紧固。垂直方向进给钻孔，ϕ8mm 孔钻到尺寸ϕ7.8mm。

⑥ 钻完第一个孔（ϕ7.8mm），松开进给机构，按图样孔距尺寸纵向移动工作台，依次钻 4mm×ϕ8mm 孔到尺寸 ϕ 7.8mm。

⑦ 更换 ϕ8mm 直径铰刀，依次铰 4mm×ϕ8mm 孔到要求尺寸。

⑧ 更换 ϕ9.8mm 麻花钻，按图样孔距尺寸移动工作台，用同样的方法依次钻 4mm×ϕ10mm 孔到尺寸 ϕ9.8mm。然后更换 ϕ10mm 的铰刀，依次铰 4mm×ϕ10mm 孔到要求尺寸。

6.3 镗孔

6.3.1 相关工艺知识

1. 镗孔加工

镗孔是使用镗刀对已钻出的孔或毛坯孔进一步加工的方法。镗孔的通用性较强，可以粗加工、精加工不同尺寸的孔，镗通孔、盲孔、阶梯孔，镗加工同轴孔系、平行孔系等。粗镗孔的精度为 IT11～IT13，表面粗糙度为 6.3～12.5μm；半精镗孔的精度为 IT9～IT10，表面粗糙度为 1.6～3.2μm；精镗孔的精度可达 IT6，表面粗糙度为 0.4～0.1μm。镗孔具有修正形状误差和位置误差的能力。

2. 镗刀

按照镗刀刀头的固定形式，分为整体式镗刀、机夹固定式镗刀和浮动式镗刀；按照切削刃形式，分为单刃镗刀和双刃镗刀。在铣床上镗孔大多使用单刃镗刀。

（1）整体式单刃镗刀

镗刀与车刀类似，但刀具的大小受到孔径的尺寸限制，刚性较差，容易发生振动。所以在切削条件相同时，镗孔的切削用量一般比车削小 20%。单刃镗刀镗孔生产率较低，但其结构简单，通用性好，因此应用广泛。整体式单刃镗刀用于加工小直径孔，如图 6-14 所示。

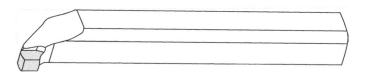

图 6-14 整体式单刃镗刀

（2）机夹固定式镗刀

机夹固定式镗刀是将镗刀头机械夹持在镗刀杆上而成的，镗刀头有焊接式的和高速钢刀头，还有直接采用不重磨车刀的。带刀夹的单刃镗刀头，用于加工较大直径的孔，如图 6-15 所示。

① 镗刀杆。镗刀杆是安装在机床主轴孔中，用于夹持镗刀头的杆状工具，如图 6-16 所示。

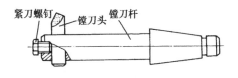

图 6-15 机夹固定式镗刀

② 镗刀头。按照镗孔类型的不同，镗刀头也分为镗通孔用的镗刀头和镗盲孔用的镗刀头两种，如图 6-17 所示。

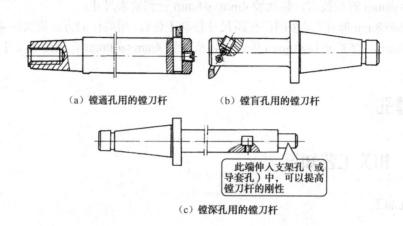

（a）镗通孔用的镗刀杆　　　　　　（b）镗盲孔用的镗刀杆

此端伸入支架孔（或导套孔）中，可以提高镗刀杆的刚性

（c）镗深孔用的镗刀杆

图 6-16　镗刀杆

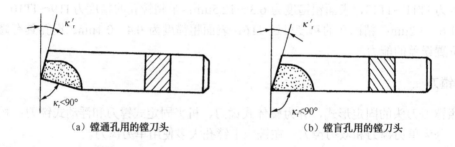

（a）镗通孔用的镗刀头　　　　　　　　（b）镗盲孔用的镗刀头

图 6-17　镗刀头

（3）双刃镗刀

镗刀两端有一对对称的切削刃同时参与切削的称为双刃镗刀，如图 6-18 所示，为双刃浮动式镗刀；如图 6-19 所示，为双刃机夹镗刀。双刃镗刀的优点是可以消除背向力对镗杆的影响，增加了系统刚度，能够采用较大的切削用量，生产率高；工件的孔径尺寸精度由镗刀来保证，调刀方便。

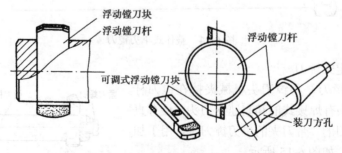

浮动镗刀块
浮动镗刀杆
浮动镗刀杆
可调式浮动镗刀块
装刀方孔

图 6-18　双刃浮动式镗刀

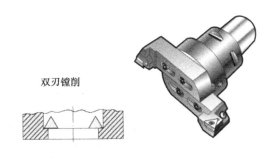

双刃镗削

图 6-19 双刃机夹镗刀

（4）微调镗刀

为提高镗刀的调整精度，在数控机床上常使用微调镗刀，如图 6-20 所示。这种镗刀的径向尺寸可在一定范围内调整，转动调整螺母可以调整镗削直径，螺母上有刻度盘，其读数精度可达 0.01mm。调整尺寸时，先松开拉紧螺钉 6，然而转动带刻度盘的调整螺母 3，待刀头调至所需尺寸，再拧紧拉紧螺钉 6 进行锁紧。这种镗刀结构比较简单，刚性好。

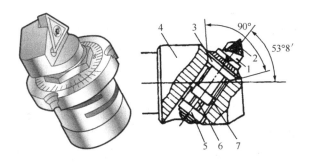

1—刀体；2—刀片；3—调整螺母；4—刀杆；5—螺母；6—拉紧螺钉；7—导向键

图 6-20 微调镗刀

（5）镗刀盘

镗刀盘又称为镗头或镗刀架。图 6-21 所示为一种常用的镗刀盘。它具有良好的刚性，在镗孔时能够精确地控制孔的直径尺寸。镗刀盘的锥柄与主轴锥孔相配合。转动镗刀螺杆上的刻度盘，使其螺杆转动，可精确地移动燕尾块。若螺杆螺距为 1mm，其刻度盘有 50 等份的刻线，则刻度盘每转过 1 小格，燕尾块移动 0.02mm。燕尾块上分布有几个装刀孔，可用内六角螺钉将镗刀杆固定在装刀孔内，使可镗孔的尺寸范围有了更大的扩展。

3. 单孔镗孔操作示例

用简易式镗刀杆在铣床上镗削图 6-22 所示工件的单孔，单件生产。其镗削操作步骤如下。

（1）划线并钻孔

根据图样，将工件孔的中心线和轮廓线画出，并打上样冲眼。选择合适的钻头。若用钻头对工件钻孔，则孔径较大，故可采用钻→扩工艺加工。

（2）装夹工件

装夹工件时一定要将工件垫高、垫平，并找正工件位置。

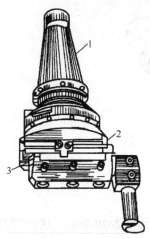

1—锥柄 2—螺杆 3—燕尾块

图 6-21 镗刀盘

图 6-22 镗孔工件

（3）检查铣床主轴"0"位是否准确

立铣床主轴或立铣头主轴轴线应与工作台台面垂直。若不垂直，则采用升降台进给时，镗出的孔为椭圆孔，即孔的圆柱度误差大；采用主轴套筒进给时，镗出的孔为一斜孔。检查主轴轴线对工作台台面的垂直度误差，控制在 $0.02/\phi300\text{mm}$ 范围内。

（4）选择镗刀杆和镗刀头

为保证镗刀杆和镗刀头有足够的刚性，镗刀杆的直径应为工件孔径的 0.7 倍左右，且镗刀杆上装刀方孔的边长约为镗刀杆直径的 0.2～0.4 倍。当工件孔径小于 30mm 时，最好采用整体式镗刀。当工件孔径大于 120mm 时，只要镗刀杆和镗刀头有足够的刚性就可以，镗刀杆的直径不必很大。另外，在选择镗刀杆直径时还需考虑孔的深度和镗刀杆所需要的长度。镗刀杆长度较短，其直径可适当减小；镗刀杆长度越长，其直径应选得越大。

（5）选择合适的切削用量

切削用量因刀具材料、工件材料及粗、精镗的不同而有所区别。粗镗时的背吃刀量 a_p 主要根据加工余量和工艺系统的刚性来确定，切削速度 v_c 比铣削时略高。镗削钢件等塑性金属材料时，需要充分浇注切削液。

（6）对刀

镗孔时，必须使铣床主轴轴线与被镗孔的轴线重合。常用的对刀方法有按划线对刀、靠镗刀杆对刀、测量对刀等。

① 按划线对刀法

先将镗刀杆轴线大致对准孔中心，在镗刀顶端用油脂黏一根大头针。缓慢地转动主轴，一方面使针尖靠近孔的轮廓线，另一方面调整工作台，使针尖与孔轮廓线间的距离尽量均匀相等。这种对刀法的准确度较低，对操作者的生产技能要求较高。

② 靠镗刀杆对刀法

当镗刀杆圆柱部分的柱度误差很小，并与铣床主轴同轴时，可采用靠镗刀杆对刀法。首先使镗刀杆与基准面 A 刚好接触，此时将工作台横向移动一段距离 S_1。然后使镗刀杆与基准面 B 接触，并将工作台纵向移动距离 S_2。为控制好镗刀杆与基准面之间的松紧程度，可在两者之间置一塞尺，塞尺接触的松紧程度以用手能轻轻推动塞尺，而手松开塞尺又不落下为宜。此法也可用标准心轴进行对刀，如图 6-23 所示。

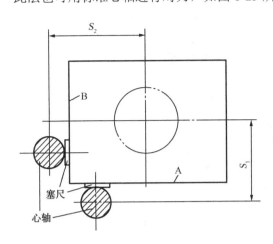

图 6-23　靠镗刀杆对刀法

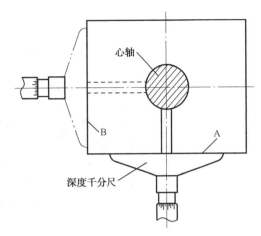

图 6-24　测量对刀法

③　测量对刀法

如图 6-24 所示，用深度游标卡尺或深度千分尺测量镗刀杆（或心轴）圆柱面至基准面 A 和基准面 B 的距离，它应等于规定尺寸与镗刀杆（或心轴）半径之差。若测量结果与计算结果不符，则应重新调整工作台位置直至相符为止。

（7）对试镗孔距的检验

为了验证对刀精度是否符合要求，需要将工件试镗一刀，检验镗孔的孔距，即试镗孔壁至基准侧面的距离（即壁厚）与其半径之和，看其是否符合孔轴线至基准面之间距离的加工要求。经检验合格才能开始正式镗孔，否则应重新调整工作台位置直至符合要求为止。孔距的检测，除采用游标卡尺以外，还常采用壁厚千分尺和千分尺。

（8）镗刀头的伸出量

如果使用的是机械固定式镗刀，则一般采用敲刀法来调整镗刀头的伸出量。大多凭经验确定镗刀头的伸出量，也可借助游标卡尺或百分表来控制。

（9）镗孔

镗孔位置检查无误后，开始调整镗刀头的伸出量进行镗孔。按照工艺要求，镗孔时分为粗镗孔和精镗孔。粗镗孔应留精镗孔余量 0.5mm 左右。要求较高时，工作台的调整需利用百分表和量块直接找正。

（10）镗孔切削用量的选择

切削用量随刀具材料、工件材料及粗、精镗的不同而有所区别。粗镗时的切削深度 α_p 主要根据加工余量和工艺系统的刚度来确定。镗孔的切削速度可比铣削时略高。镗削钢等塑性较好的材料时还需充分浇注切削液。当使用高速工具钢镗刀时，切削用量为：

粗镗　$\alpha_p = 0.5 \sim 2$mm；$f = 0.2 \sim 1$mm；$v_c = 15 \sim 40$mm。

精镗　$\alpha_p = 0.1 \sim 0.5$mm；$f = 0.05 \sim 0.5$mm；$v_c = 15 \sim 40$mm。

6.3.2 实训项目——镗孔

如图 6-25 所示工件，其平面已加工完，要求镗孔 $3mm \times \phi40_0^{+0.039}$ mm 并在孔口倒角。

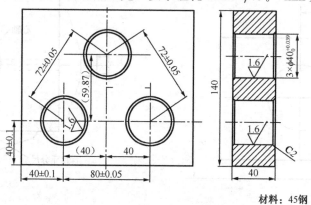

材料：45钢

图 6-25 镗孔工件

【操作步骤】

① 读图。计算孔的坐标位置，将孔的坐标位置绘制在草图上。

② 划线。根据图样，划出各孔的中心线和轮廓线，并打好样冲眼。

③ 选择刀具，并调整机床，确定相应的切削用量。

④ 安装并校正平口钳。

⑤ 将工件装夹后进行校正，同时工件下面垫好垫铁（厚度 10mm，靠钳口面）。

⑥ 用钻头按划线位置，预钻出三个落刀孔。

⑦ 装夹镗刀并进行对刀。

⑧ 调整镗孔位置，符合要求后，粗镗 $3mm \times \phi40_0^{+0.039}$ mm 孔到尺寸$\phi39.5mm$，（留精镗余量 0.5mm）。装夹主偏角和副偏角都是 45°的镗刀，进行孔口倒角 C2。

⑨ 然后，精镗 $3mm \times \phi40_0^{+0.039}$ mm 孔到要求尺寸。

⑩ 检查三个孔的加工质量，符合要求后卸下工件。

思考题 6

1. 试述麻花钻刃磨操作方法及其注意事项。

2. 为保证钻孔质量，应注意哪些问题？

3. 扩孔和铰孔能达到什么等级的加工公差？

4. 在钢材上铰孔宜选哪种切削液？在铸铁件上铰孔宜选哪种切削液？

5. 简述镗孔工艺范围和加工质量。

6. 铣床常用镗刀有哪几种？

7. 试述镗单孔时的三种对刀方法。

第7章

复杂型面加工

复杂型面大多是由较复杂的立体曲面和许多简单的型面组合而成的。目前，常见的复杂型面多为模具的型腔面，对于比较复杂的型面，在数控铣床或仿形铣床上加工。在无上述设备的条件下，对于不太复杂的型面，可在万能工具铣床和立式铣床等普通铣床上加工。蜗轮的齿面也是复杂型面的一种，在铣床上加工蜗轮时，可以采用盘形铣刀进行加工（成型铣削法），也可以采用蜗轮滚刀、飞刀进行加工（展成铣削法）。

 学习目标

- 掌握模具型面的基本铣削方法。
- 了解蜗轮的技术要求和基本参数计算公式。
- 掌握在铣床上用飞刀铣削蜗轮的方法。
- 掌握在铣床上用滚刀精铣蜗轮的方法。

7.1 铣模具型面

7.1.1 相关工艺知识

1. 模具型面技术要求

对于常见的锻模、冲模、塑料模等模具，模具型面大部分是由较复杂的立体曲面和许多简单型面组合而成的。通过铣削，模具的型面要达到如下技术要求。

① 型腔（或型芯）表面应具有较小的表面粗糙度值。

② 型腔（或型芯）表面应符合要求的形状和规定的尺寸，并在规定部位加工相应的圆弧和斜度。

③ 为使凸、凹模错位量在规定的范围内，型腔（或型芯）应与模具加工的基准正确对应。

2. 模具型面加工工艺路线

如果材料为中碳钢锻件，则一般加工凸、凹模的工艺路线是：下料→锻造→退火热处理→铣削六面（外形）→磨削六面→划线→铣凹模（或凸模）型面→淬火→精磨上下平面→研磨型面。所谓铣削型面，指上述工艺路线中的"划线→铣凹模（或凸模）型面"工序。

3. 铣模具型面加工

当模具型面是由简单型面组合而成时，可在一般立式铣床、万能工具铣床等普通铣床上进行加工；当模具型面为复杂立体曲面和曲线轮廓时，目前，一般采用仿形铣床和数控铣床进行加工。

（1）铣削模具型面工艺特点

在普通铣床上铣削模具型面，可以铣削由简单型面组成的较复杂型面，还可以加工由直线展成的具有一定规律的立体曲面。

① 模具型腔的形状与成型件（如冲压件、锻件、精铸件）的形状凹凸相反，以及模具型腔的组合方法、位置要求等，使得模具型腔的加工图样比一般工件图样复杂，因此，要求铣削模具型腔的工人需具备较高的识图能力，能够利用模具加工图和成型件确定型腔的几何形状。

② 模具型腔形状变化大，铣削限制条件多。因此，铣削前要预先按型腔的几何特征确定各部位的铣削方法，合理制订铣削步骤。

③ 铣削模具型腔时，除合理选用标准刀具外，由于型腔形状的特殊要求，故还常常需要将标准刀具改制或制造专用铣刀。因此，需掌握改制和修磨专用铣刀的有关知识和基本技能。

④ 由于模具的材料比较特殊（如常采用合金钢、高铬工具钢、中合金工具钢、轴承钢等），又受到型腔加工部位的条件限制，以及刀具的形状等多方面的原因，故使模具铣削时选择铣削用量比较困难。通常在铣削中，需根据实际情况合理选择并及时调整铣削用量。

⑤ 铣削模具型腔时，机床、夹具的调整次数多。因此，铣削模具的铣床，要求操作方便、结构完善、性能可靠。

⑥ 铣削模具型腔时通常采用按划线手动进给的铣削方法，操作者应熟练掌握铣削曲边直线成型面的手动进给铣削法。

（2）铣削模具型面注意事项

针对以上特点，在铣削的时候要注意以下事项：

① 模具型腔形体分解。在普通铣床上加工模具型腔，首先需根据图样对模具型腔进行形体分解。

② 拟订加工方法与步骤，合理选择加工基准。铣削模具型腔前，需拟订各部分的加工方法和加工次序，即加工步骤。同时，为了达到准确的形状和尺寸，从而符合凹凸模相配的要求，每个部位加工时的定位是非常重要的，因此，选择好每个部位加工时的定位基准是很关键的。

③ 修磨和改制适用的铣刀。除正确选择标准铣刀外，为了加工模具型腔，还常需根据型

腔形状的特殊要求，对标准铣刀进行修磨和改制。

4．模具型面检验

（1）检验项目

① 型腔形状检验。对于由简单型面组成的型腔，主要检验其尺寸精度；对于由复杂立体曲面构成的型腔，应检验其规定部位的截面形状。

② 型腔位置检验。检验上下模（或多块模板）的错位量。

③ 表面粗糙度检验。主要检验直接由铣削加工成型（只需抛光）的表面。

④ 型腔内外圆角和斜度及允许残留部位检验。

（2）检验方法

① 型腔形状检验时，简单型面用标准量具检验，难以测量的部位可用专用量具检验，复杂型面用样板在规定部位检验截面形状。

② 型腔位置检验时，上下模（或多块模板）的配装错位量是用标准量具按配装尺寸来检验的。对于难以测量的模具，也可通过划线，或在组装、调整过程中，通过试件（成型件）是否合格来进行检验。若有条件，也可用浇铅成型检验来测量错位量。

③ 表面粗糙度采用比较观察法进行检验。若所留的余量不足以抛光切削纹路，则可认为该部位表面质量不合格。

④ 检验型腔的圆角和斜度时一般用样板进行，残留部分应以在保证形状尺寸基础上尽量减少钳工修锉余量为原则进行检验。较难连接的圆弧允许稍有凸起，以便钳工修锉。

7.1.2 实训项目——铣削凹模型腔

铣削图 7-1 所示凹模的型腔。

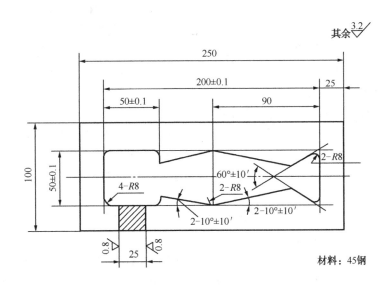

图 7-1 凹模简图

【操作步骤】

1. 工艺准备

① 图样分析。根据图样分析，该凹模型腔由凹圆弧面、方形内框和梯形内框连接而成。形体由纵横相垂直的平面、内圆弧面和斜面所组成。

② 选择加工设备。在立式铣床上用回转工作台铣削模具型腔。

③ 拟订铣削步骤。各内圆弧面均起连接平面和斜面的作用，因此，先确定各内圆弧面的中心位置，并以圆弧中心为基准，加工相切的各平面、斜面。这是一种比较合理、方便的加工顺序。详细铣削步骤如下：

划线→钻、扩、铰 8 个 ϕ16mm 孔→铣削方形内框→铣削与方形内框连接的 10°对称梯形内框→铣削与 60°三角形连接的 10°对称梯形内框→铣削 60°三角形内框。

2. 铣削操作

（1）划线

先以侧面为基准，划出纵向对称线。再以对称线为基准，并按图样划出内腔形状加工线，然后在 8 个 R8mm 的中心处打上较深的样冲眼。

（2）铣削型腔型面

① 选择定位基准。根据图样分析，设计基准为型腔纵向对称线和右端平面。现选择 25mm 厚的大平面、右端平面和一个侧面平面为定位基准。在铣削型腔型面，尤其是形状复杂的型腔型面时，在加工过程中要多次变动工件加工位置、多次装夹工件才能铣出整个型腔。所以，选择好定位基准（包含加工每个部位时的定位基准）是加工型腔型面的关键。

② 工件的装夹。由于工件型腔有几个斜面，所以在工具铣床上加工时，应装上圆形工作台；在立式铣床上加工时，最好采用回转工作台。当工件有几件或多件时，在回转工作台上，先固定好两块光洁平整且比平行垫铁厚的挡铁，并相互垂直，作为对工件侧面和端面的定位支承面，在工件下面垫平行垫铁。当加工工件数量多时，可专门制作一块大小合适，并在平面磨床上磨好的垫铁，并允许在型腔下铣掉一些。若只加工一件，则只要用两块合适的平行垫铁垫在下面，把工件固定在任意台面上即可。

③ 钻孔和铣孔。先把工件侧面校正到与纵向进给一致，若侧面用挡铁定位时，则把挡铁校正到与纵向进给一致。根据划线的位置，用 ϕ12～ϕ14mm 的钻头，钻 8 个孔；再用 ϕ16mm 的立铣刀或键槽铣刀，扩 8 个孔。扩孔时，根据图 7-1 所示的精度，可按划线找正位置。若精度要求较高时，则可用镗平行孔系的方法，找正铣孔位置。

④ 铣方形内框及右边内框面。先铣方形内框，再铣右边内框面。铣削时应与孔的圆弧面相切，即光滑连接，并铣准尺寸。

⑤ 铣内腔斜面。先铣 10°的四个斜面。用角度分度的方法，使工件和回转工作台转过 10°，铣准 4 个斜面。再按工件初始位置转过 60°，铣 2 个 60°的斜面，铣削时，均应使各斜面与孔的圆弧面相切。

⑥ 锻模和其他各种模具型面，常带有一定的斜度。当有斜度时，需按斜度对立铣刀修磨，修磨成锥度立铣刀。若有合适的专用铣刀，则采用专用铣刀加工。

7.2 铣蜗轮

7.2.1 相关工艺知识

1．蜗轮

（1）概述

蜗轮是蜗轮蜗杆传动副中的一个零件，用于传递空间相互垂直而不相交的两轴间的运动和动力，如图 7-2 所示。蜗轮蜗杆传动可获得很大的降速比，因此应用很广泛。蜗杆一般在车床上加工，蜗轮一般在滚齿机上加工。在实际生产中，对精度不高、单件小批生产的蜗轮，可在万能铣床上铣削加工。

（2）蜗轮的技术要求和基本参数计算

在铣床上加工蜗轮时，可以采用盘形铣刀铣削，或采用蜗轮滚刀铣削，也可以采用飞刀加工蜗轮。蜗轮铣削加工时要达到以下技术要求。

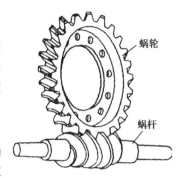

图 7-2　蜗轮传动副

① 齿形尽可能正确。

② 相邻齿距误差在规定范围内。

③ 齿距累积误差在规定范围内。

④ 齿圈径向跳动误差在规定范围内。

⑤ 中心距偏差在规定范围内。

⑥ 中心平面偏差在规定范围内。

⑦ 齿面表面粗糙度值符合图样要求。

蜗轮的基本参数名称、代号及尺寸计算公式如图 7-3 与表 7-1 所示。

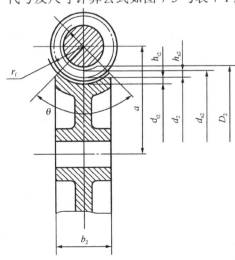

图 7-3　蜗轮的基本参数名称、代号

表 7-1　蜗轮的基本参数与尺寸计算公式

名　称	代　号	计　算　公　式
端面模数	m_{t2}	$m_{t2} = m$
分度圆直径	d_2	$d_2 = mz_2$
齿顶圆直径	d_{a2}	$d_{a2} = m(z_2 + 2)$
齿根圆直径	d_{t2}	$d_{t2} = m(z_2 - 2.4)$
外径	D_2	当 $z_1 = 1$ 时，$D_2 = d_{a2} + 2m$ 当 $z_1 = 2 \sim 3$ 时，$D_2 = d_{a2} + 1.5m$ 当 $z_1 = 4$ 时，$D_2 = d_{a2} + m$
齿距	p_t	$p_t = \pi m$
齿顶圆半径	r_a	$r_a = \dfrac{m(q - 2)}{2}$
齿根圆半径	r_f	$r_f = \dfrac{m(q + 2.4)}{2}$
分度圆弧齿厚	S_2	$S_2 = \dfrac{\pi m}{2}$
分度圆法向弦齿厚	$\overline{S}_{n2}$	$\overline{S}_{n2} = S_2\left(1 + \dfrac{s_2^2}{6d_2^2}\right)\cos\gamma$
分度圆法向弦齿高	$\overline{h}_{an2}$	$\overline{h}_{an2} = m + \dfrac{s_2^2\cos\gamma}{4d_2}$

2．铣削蜗轮的方法

在铣床上加工蜗轮时，可以采用盘形铣刀、蜗轮滚刀铣削，也可采用飞刀加工。采用盘形铣刀（或单刀）铣削蜗轮的方法属于成型铣削法，一般适用于螺旋角很小、精度较低或粗铣的蜗轮铣削加工。蜗轮滚刀和飞刀加工属于展成铣削法，适用于精度较高的蜗轮。用蜗轮滚刀精铣蜗轮属于啮合性的精铣过程，而飞刀加工蜗轮是根据蜗杆副的啮合原理，通过铣床的改装配置展成传动系统所进行的铣削加工。用飞刀铣削蜗轮常用的有两种方法，一种称为断续分齿铣削法，另一种称为连续分齿铣削法。这两种铣削方法的展成切削过程分析如下。

（1）断续分齿铣削法

采用断续分齿铣蜗轮，飞刀安装在万能铣床的主轴上，蜗轮轮坯通过三爪自定心卡盘装夹在分度头主轴上，如图 7-4 所示。飞刀在切削过程中只做单纯的旋转运动，而蜗轮轮坯根据蜗杆蜗轮的啮合原理，除绕本身的轴线旋转外，还需由铣床工作台带动做纵向移动，它们之间的关系是蜗轮轮坯转过 $1/z_2$ 转时，工作台必须沿纵向移动齿距的距离。由于飞刀旋转与轮坯旋转之间没有固定联系，因而不能连续分齿。待展成出一个齿槽后，移动刀轴，使刀头离开切削面，工作台退回原位，用手摇动分度手柄，分过一个齿后，再铣削下一个齿。

（2）连续分齿铣削法

连续分齿铣削法的加工过程仿照在滚齿机上用蜗轮滚刀加工蜗轮的方法，即仿造滚刀旋转一周，相当于蜗杆轴向移动一个齿距，蜗轮相应转过一个齿距，从而实现连续分齿展成铣削加工，如图 7-5 所示。由于铣床的工作台横向进给丝杠与分度头没有固定的运动关系，因此展成运动使用手动方法分段进行。为了达到飞刀相对齿坯轴向移动一个齿距时，齿坯相应转过一个齿的关系，沿轴向的一个齿距的分段移动，由工作台横向移动量 Δs 实现，蜗轮相应转过一个齿。弧长分段转动，由分度头手柄转过的分度孔盘数 Δn 实现。

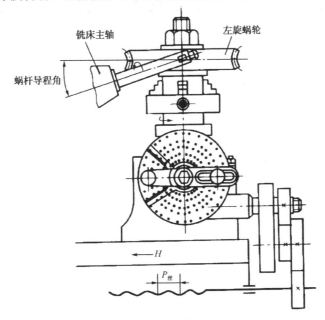

图 7-4 断续分齿铣削法

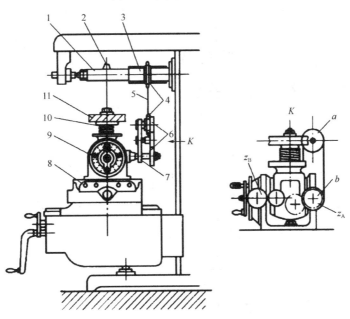

1—飞刀杆；2—飞刀头；3—滑键轴；4—链轮；5—链条；6—交换齿轮；

7—交换齿轮架；8—工作台；9—分度头；10—心轴；11—齿坯

图 7-5 连续分齿铣削法

（3）蜗轮铣削加工质量分析

连续分齿法飞刀铣削蜗轮是一种加工精度接近滚刀加工蜗轮的方法，但操作过程必须仔细，用这种方法铣削蜗轮时常见的质量问题及其分析见表 7-2。

表 7-2　连续分齿法飞刀铣削蜗轮常见质量问题及原因分析

质 量 问 题	原 因 分 析
齿面表面粗糙度值较大	刀头已磨损变钝
	铣削用量太大
	工艺系统刚度不好
齿形误差超差	飞刀头刃磨不正确
	飞刀头安装不正确
	展成计算错误或操作不正确
	对刀不正确
齿距偏差超差	分度头主轴回转精度差
	交换齿轮安装不好或计算错误
	齿坯装夹不好
乱牙	展成计算错误
	操作错误
	交换齿轮安装不好或计算错误
齿厚不对	铣削深度调整不对
	铣刀厚度超差

7.2.2　实训项目——铣削蜗轮

图 7-6 所示为蜗轮零件，预制件为齿坯，铣削图 7-6 所示蜗轮的轮齿。

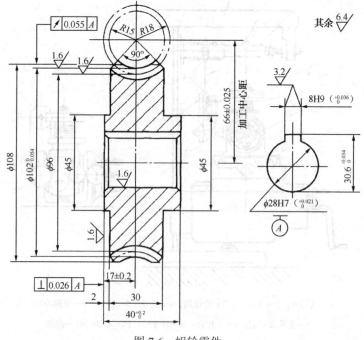

图 7-6　蜗轮零件

端面模数		m_t	3
齿数		Z_2	32
齿形角		α	20°
精度等级			9Dd GB/T 10089—1988
配偶蜗杆	头数	z_1	1
	导程角	γ	4° 45′ 49″

图 7-6 蜗轮零件（续）

【操作步骤】

可先粗铣蜗轮齿槽，然后再用滚刀精铣。

1．粗铣蜗轮

（1）铣刀的选择

铣蜗轮的铣刀，其直径最好等于与蜗轮啮合的蜗杆直径再加两倍齿隙。如果没有这样的铣刀，那么就只能用一把直径较大的铣刀，不可以采用比蜗杆直径还小的铣刀来铣削。

铣削蜗轮的盘形铣刀应按以下三项要求选择。

① 因盘形铣刀是沿齿槽方向进行铣削的，因此铣刀的模数 m_0 及压力角 α_0 应与蜗轮的法向模数 m_n 和法向压力角 α_0 相同，结合实例（图 7-6）计算如下：

$$m_0 = m_t \cos\beta \qquad (7\text{-}1)$$

式中　m_0——铣刀模数（mm）；

　　　m_t——蜗轮断面模数（mm）；

　　　β——蜗轮螺旋角（°）。

将实例数据代入式（7-1）得：

$$m_0 = 3\cos4°\ 45′\ 49″ = 3\times0.9965 \approx 3\text{mm}$$

即 $m_0 \approx m_t$。

$$\tan\alpha_0 = \tan\alpha_t \cos\beta \qquad (7\text{-}2)$$

式中　α_0——铣刀齿形角（°）；

　　　α_t——蜗轮断面齿形角（°）。

将实例数据代入式（7-2）得：

$$\tan\alpha_0 = \tan\alpha_t \cos4°\ 45′\ 49″ = \tan\alpha_t \times0.9965 \approx \tan\alpha_t$$

即 $\alpha_0 \approx \alpha_t$。

由上述计算结果可见，在一般情况下，蜗轮的螺旋角 β 很小，所以端面模数与法向模数、端面齿形角与法向齿形角非常接近，而用盘形铣刀铣削的蜗轮精度也比较低，因此，可采用标准模数和标准齿形角的齿轮盘铣刀。

② 齿轮铣刀的号数，应根据蜗轮的当量齿数选定，其计算公式如下：

$$z_v = z_2 / \cos^3 \beta \qquad (7\text{-}3)$$

式中　z_v——蜗轮的当量齿数；

　　　z_2——蜗轮的实际齿数；

　　　β——蜗轮的螺旋角（°）。

将实例数据代入式（7-3）得：

$$z_v = 32/(\cos 4°\ 45'\ 49'')^3 = 32/0.9895 = 32.34 \approx 32$$

③ 盘形铣刀的外径 D_0，应比蜗杆外径大 0.4 倍模数，以保证蜗杆蜗轮啮合时的径向间隙，其计算公式如下：

$$D_0 = d_{a1} + 0.4m = m(q + 2.4) \qquad (7\text{-}4)$$

式中　D_0——铣刀外径（mm）；

　　　d_{a1}——蜗杆齿顶圆直径（mm）；

　　　q——蜗杆直径系数；

　　　m——蜗轮模数（mm）。

将实例数据代入式（7-4）得：

$$D_0 = 42 + 0.4 \times 3 = 43.2\text{mm}$$

根据计算结果，若采用标准的齿轮盘铣刀，其外径（D）已大于计算值 D_0，不会影响蜗杆蜗轮的安装中心距，但模数 $m=3$mm 的齿轮盘铣刀外径与计算值 D_0 相差太大，因此也可采用将高速钢单刀头夹持在刀轴上，使其回转半径等于 $0.5D_0$ 以代替盘形铣刀。

根据以上计算结果，加工图 7-6 所示蜗轮实例的刀具可选用标准模数 $m=3$mm 和标准齿形角 $\alpha=20°$ 的 6 号标准盘铣刀，也可将按参数制成的高速钢单刀头代替盘形铣刀。

铣刀选好以后，按照前面讲过的方法把它安装在铣刀心轴上。

（2）装夹轮坯

把轮坯装在心轴上，将心轴顶在前后顶针之间。

（3）对中心

为了得到正确的齿形，铣刀厚度 1/2 齿形的对称中心线必须通过轮坯的中心线，对中心的方法与铣削直齿圆柱齿轮时相同。

（4）确定工作台的转动角度

因为蜗轮的齿与轴线倾斜一个齿面角 β，所以铣削蜗轮时，为了使铣刀的旋转平面和齿的方向一致，必须将工作台转动一个角度 β，转动的方向与铣螺旋槽时相同。由于蜗轮的齿面角与蜗杆的导程角 γ 相等，所以在计算时可通过求蜗杆的导程角而求得蜗轮的齿面角 β，其计算公式如下：

$$\tan\gamma = \frac{z_1 p}{\pi d} \qquad (7\text{-}5)$$

式中　z_1——蜗杆头数；

　　　d——蜗杆分度圆直径；

　　　p——蜗杆齿距。

（5）确定切削位置

用盘铣刀铣削蜗轮时，刀齿的最低点应与蜗轮上的凹弧中点重合，对正的方法之一如

图 7-7 所示。

首先用一直尺靠在蜗轮的侧面，移动纵向工作台使直尺一侧和铣刀心轴接触，然后将工作台移动一个距离 B。B 可按式（7-6）计算：

$$B=\frac{D-A}{2} \tag{7-6}$$

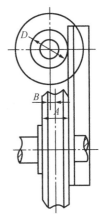

式中　D——铣刀心轴直径；

　　　A——轮坯宽度。

另一种方法可在铣刀转动时进行，首先用目测将它们的中心线初步对准。接着把工作台慢慢升高，使铣刀切着两侧尖角，并观察两尖角的铣削深度是否一致。如果两尖角的铣削深度不同，则可稍微移动工作台，转过一齿再试切，直到两侧尖角的铣削深度符合要求为止。

（6）操作方法

当以上调整结束后，开动机床，使铣刀旋转，将工作台慢慢升高，直到铣刀刀齿碰着凹弧中点时为止。然后根据铣削深度（应留0.5mm 左右的精铣余量）确定垂直进给刻度盘的格数，用垂直进给铣削，铣至规定的格数为止。第一齿槽铣削以后，要记住刻度盘的数值，作为调整切深的依据，其他各齿在分齿之后用同样的方法进行。

图 7-7　盘铣刀铣削蜗轮
对正方法

2．精铣蜗轮

精铣用的滚刀（如图 7-8 所示）装在刀轴上，其直径与同蜗轮啮合的蜗杆直径相等（最好等于蜗杆直径加两倍齿隙）。这种滚刀是蜗杆形状的齿轮辗切工具，一般用在滚齿机上精加工蜗轮，生产效率和加工精度都很高，在普通铣床上精铣蜗轮，也可获得较好的效果。

图 7-8　滚刀

精铣蜗轮的方法和步骤如下。

① 将分度头上的鸡心夹头拆下，以便齿坯能在两顶针间自由地转动。

② 把工作台转动一个适当的角度。当滚刀螺旋升角和蜗轮齿面角相等，滚刀螺旋线和蜗轮螺旋线方向相同时，工作台不需要转动任何角度；如果滚刀的螺旋升角和螺旋方向与蜗轮

的齿面角和轮齿方向不同时，工作台需要转动的角度和方向如图7-9所示。

用右旋滚刀铣右斜蜗轮，如图7-9（a）所示，工作台应转的角度θ：

$$\theta=\beta-\gamma$$

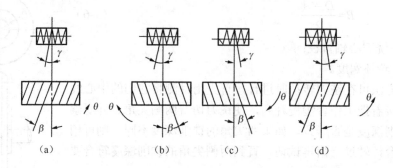

$$(a) \qquad (b) \qquad (c) \qquad (d)$$

图7-9　铣蜗轮时，工作台转动方向

注：当$\beta>\gamma$时，工作台逆时针方向转动，反之，工作台顺时针方向转动。

- 用右旋滚刀铣左斜蜗轮，如图7-9（b）所示，工作台应顺时针转过一个角度θ：

$$\theta=\beta+\gamma$$

- 用左旋滚刀铣左斜蜗轮，如图7-9（c）所示，工作台应转过的角度θ：

$$\theta=\beta-\gamma$$

注：当$\beta>\gamma$时，工作台应顺时针方向旋转，反之应逆时针方向转动。

- 用左旋滚刀铣右斜蜗轮，如图7-9（d）所示，工作台应逆时针转过一个角度θ：

$$\theta=\beta+\gamma$$

③ 调整工作台，使滚刀刀齿与蜗轮轮齿相啮合。

④ 开动铣床，使滚刀转动。

⑤ 确定工作台的移动距离。如图7-10所示，首先在铣床床身的导轨上作一条线与主轴孔中心线等高，即相当于滚刀（或蜗杆）的中心，然后再在床身上划一条线。此两条线之间的距离等于蜗杆蜗轮的中心距。然后用划针尖在轮坯上找出中心，使针尖不动，并把划针盘放在工作台上，随同工作台一起升高到划针尖与第二条线接触为止。

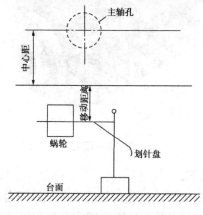

图7-10　确定工作台的移动距离

⑥ 进行滚铣。当滚刀吃刀至铣削深度以后，使滚刀带动蜗轮空转数转，观察没有切屑后再将蜗轮取下。

⑦ 检验。

 思考题 7

1. 铣削模具型腔应达到哪些工艺要求？

2. 用普通铣床铣削模具型腔与一般铣削加工有哪些特点？

3. 简述用普通立式铣床铣削模具型腔的要点？

4. 铣削如图 7-11 所示凸模零件。

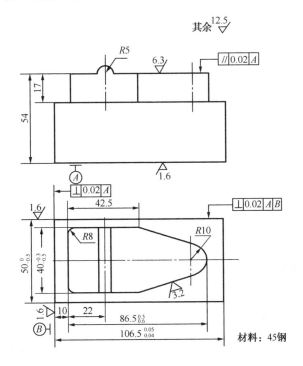

图 7-11　凸模零件

5. 用齿轮铣刀粗铣削蜗轮时，如何保证铣刀精确地停留在蜗轮的中心上？

6. 用齿轮铣刀铣削蜗轮的步骤如何？试简单说明。

第8章

工艺规程

本章讲解工艺规程及定位基准的选用原则等相关知识，学会对典型零件进行工艺分析并合理安排工艺过程。

 学习目标

- 了解生产过程和工艺过程。
- 掌握定位基准的选用原则。
- 掌握工艺过程的合理安排。
- 掌握典型零件的加工工艺。

8.1 相关工艺知识

8.1.1 基本概念

1. 生产过程和工艺过程

一个机械厂要生产产品，必须进行一系列的工作，其中包括产品设计、生产组织准备、技术准备、原材料和外购件的供应，以及毛坯制造、机械加工、热处理、装配、检验、试车、油漆包装等。原材料转变为成品的全过程称为生产过程。

在产品生产过程中，改变生产对象的形状、尺寸，相对位置和性质等，使其成为成品或半成品的过程，称为工艺过程。例如，把钢材锻成毛坯的过程称为"锻造工艺过程"；零件进行热处理，使之达到所需要的机械性能的过程称为"热处理工艺过程"；利用机械加工方法改变毛坯的形状、尺寸，使之成为成品零件的过程称为"机械加工工艺过程"等。

零件的机械加工工艺过程可以是多种多样的。规定产品或零部件工艺过程和操作方法等的工艺文件称为工艺规程。一旦某个零件的工艺规程制订好后，就必须严格地遵照执行，在没有更合理的新工艺规程代替之前，不能任意改变。

2. 工艺过程的组成

机械加工工艺过程是由一个或数个工序依次排列组合而成的，毛坯通过这些工序成为成品。

（1）一个或一组工人，在一个工作地点对一个或同时对几个工件连续完成的那一部分工艺过程，称为工序。

例如，加工图 8-1 所示的样板，其加工方法如图 8-2 所示，工艺过程可分三种：

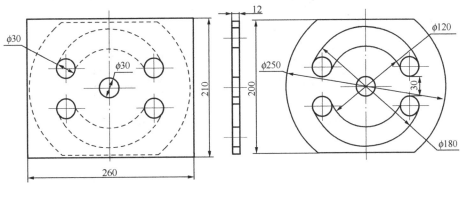

图 8-1 样板工作图

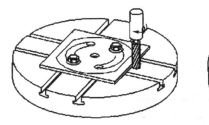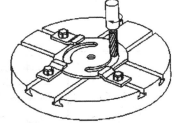

图 8-2 加工方法

① 对一个工件来说，在铣好外形以后，接着就铣圆弧槽，当一个工件全部铣好以后再铣另一个工件。这样，这个样板的加工就全部在一个工序中完成（图 8-3）。

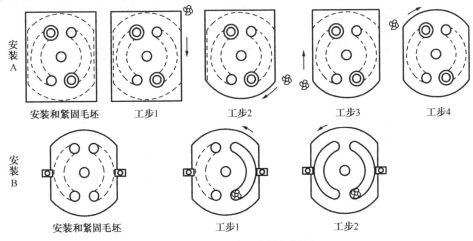

图 8-3 用一个工序铣削样板

② 先铣好各个工件的外形，再铣各个工件的圆弧槽。这时，对其中任何一个工件来说，加工外形和加工圆弧槽是不连续的，因此是两个工序。即加工外形是第一个工序，加工圆弧槽是第二个工序（图8-4）。

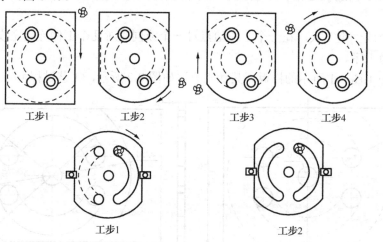

图8-4 两个工序铣削样板

③ 若一批工件的数量很多，加工时可先用两把三面刃盘铣刀，在卧式铣床上铣各个工件的外形直线部分，再在立式铣床上利用圆转台铣各个工件的外形圆弧部分，最后铣各个工件的圆弧槽。这种加工方法显然是用三个工序来完成的（图8-5）。

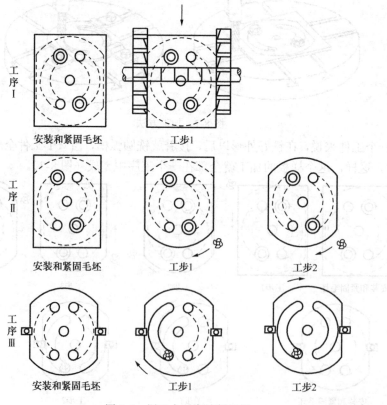

图8-5 用三个工序铣削样板

（2）安装工件经一次装夹后所完成的那部分工序称为安装。

在一个工序中可能包括一次或数次安装。如图 8-3 所示的加工方法，在一个工序中要经过两次安装，而后面两种加工方法，则在一个工序中都只有一次安装。

应当注意的是，工件在加工时，增加安装次数往往会降低加工精度；同时增加装卸时间，所以对精度高的工件，在精加工时最好采用一次安装。

（3）为完成一定的工序部分，一次装夹工件后，工件与夹具或设备的可动部分一起相对刀具或设备的固定部分所占据的每一个位置叫工位。例如，在分度头上铣多面体，每铣一面，分度头将工件转过一个位置，这样就由上一工位变为下一工位，所以铣六面体时就有六个工位。

（4）工序又可分为工步，在一个工序中可包括一个或数个工步，所以工步是工序的一部分。亦即在加工表面和加工工具不变的情况下，连续完成的那一部分工序叫做工步。

如图 8-3 所示的加工方法，在一次安装中有四个工步；在第二次安装中有两个工步。

在工艺过程卡片中，对工步和工位一般不严格区别。即往往把工位作为工步，如图 8-3 的第二次安装中，铣了一条圆弧槽后，把工件转过一个位置再铣第二条圆弧槽，此时工件转了一个位置，因此也可说是两个工位；又如在分度头上铣六面体时，往往称为有六个工步。

（5）走刀在一个工步中，如加工余量很多，不能一次切掉，则可分成几次切削，每切削一次称为一次走刀。

3．生产类型及其工艺特征

机械制造业中各种产品的需要量是不相同的。某些产品需要量很少，而另一些产品的需要量可能很大。有些工厂是多品种生产，但每种产品的数量不一定多；有些工厂的产品品种很少，甚至只生产一种产品，但生产数量却可能很多。工厂每年所需制造产品的数量（年产量），称为生产纲领。

根据生产纲领的大小不同，机械制造业的生产类型可分为下列三大类：

（1）单件生产的产品种类很多，而数量不多，只制造一个或几个，制造完以后就不再制造，即使再制造也是不定期的，这种生产称为单件生产。例如，大型设备的制造，工具和机修车间的生产及新产品试制，大都属于单件生产。单件生产时，应尽量采用通用机床、标准夹具、通用刀具和万能量具，即要尽量利用一切现有的通用设备和工具。一般说来还需要技术熟练的工人进行生产。

（2）成批生产零件的数量较多，成批地进行加工，而且通常是周期性地重复生产，称为批量生产。每批相同零件制造的数量称为批量。成批生产时，一般可根据批量的大小，考虑应用专用夹具、专用刀具或组合刀具及把粗精加工的机床分开等。

按照批量的多少和产品的特征，成批生产又分为大批生产、中批生产和小批生产。小批生产在工艺方面接近单件生产；中批生产介于小批和大批生产之间；大批生产在工艺方面接近于大量生产。

（3）大量生产零件的数量很大，大多数工作地点经常重复地进行一种零件的某一道工序的加工，这种生产类型称为大量生产。例如，汽车、拖拉机、自行车、缝纫机的生产大都属于大量生产。在大量生产的条件下，可以广泛采用专用机床、专用夹具、专用刀具，以及尽量采用自动夹具、自动机床、程序控制机床等一切最新的、生产效率最高的设备。

8.1.2 定位基准的选择

1. 基准的种类

在零件图上，在工艺文件或实际零件上，必须根据一些指定的点、线、面来确定另一些点、线、面，这些作为根据的点、线、面就称为基准。

根据基准不同的作用，可分为设计基准和工艺基准两大类。

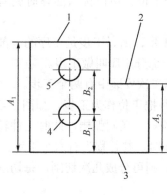

图 8-6 设计基准

（1）设计图样上所采用的基准称为设计基准。如图 8-6 中的平面 1、2 及孔 4 的上下位置是根据平面 3 决定的，故平面 3 是平面 1、2 及孔 4 的设计基准。孔 5 的上下位置是由孔 4 的轴线决定的，故孔 4 的轴线是孔 5 的设计基准。

（2）在机械制造中加工零件和装配机器所采用的各种基准，总称为工艺基准。按其功用的不同，可分为定位基准、测量基准及装配基准三种。

① 定位基准：工件在机床上或夹具中定位时，用于确定加工表面与刀具相互关系的基准，即在加工中用作定位的基准，称为定位基准，如圆柱齿轮的内孔等。在一般情况下，定位基准利用工件本身的表面，如铣削图 8-6 零件的 1、2 表面时，以 3 作为定位基准；轴类零件装夹在 V 形铁上铣键槽时，

它的外圆表面就是定位基准；如果轴类零件在分度头上用两个顶针定位铣削键槽时，则工件的两端顶尖孔就是定位基准。

② 测量基准：用于测量工件各表面的相互位置、形状和尺寸的基准，即测量时所采用的基准，称为测量基准。如用齿厚卡尺测量齿轮弦齿厚，则齿轮外圆是测量基准。

③ 装配基准：装配时用来确定零件或部件在产品中相对位置所采用的基准，称为装配基准，如圆柱齿轮的内孔即为装配基准。

作为基准的点、线、面，在工件上不一定具体存在，而通常是由某些具体的表面体现出来的，这些表面就是基面。如铣齿时，以齿轮孔轴心线作为定位基准；检验齿轮外圆的径向跳动时也是以孔轴心线作为测量基准，但孔轴心线并不具体存在，而是由孔体现出来的。所以，齿轮的孔是铣齿时的定位基面和检验时的测量基面。在制订零件的机械加工工艺规程时，定位基准的选择问题，实际上就是定位基面的选择问题。

2. 定位基准的选择原则

（1）粗基准的选择 以毛坯上未经加工过的表面做基准，这种定位基准称为粗基准。粗基准的选择原则如下：

① 当零件上所有表面都需加工时，应选择加工余量最小的表面做粗基准。

② 当工件上各个表面不需要全部加工时，应以不加工的面做粗基准。

③ 尽量选择光洁、平整和幅度大的表面做粗基准。

④ 粗基准一般只能使用一次，尽量避免重复使用。

上述四条选择粗基准的原则，每条只能说明一个方面的问题，实际应用时往往不可能同

时兼顾，必须根据具体情况具体分析，加以解决。

（2）精基准的选择　以已加工表面作为定位基准，称为精基准。精基准的选择原则如下。

① 采用基准重合的原则：尽量采用设计基准、测量基准和装配基准作为定位基准。

② 采用基准统一的原则：即当零件上有几个相互位置精度要求较高的表面，且不能在一次安装中加工出来，则在加工过程的各次安装中应该采用同一个定位基准。

③ 定位基准应能保证工件在定位时有良好的稳定性，并尽量使夹具设计简单。

④ 定位基准应保证工件在受夹紧力和切削力及工件本身重量的作用下，不致引起工件位置的偏移或产生过大的弹性变形。

8.1.3　工艺过程的合理安排

合理安排工艺过程就是合理拟订每个表面的加工方法和加工工序。

1．拟订每个表面的加工方法

一个表面可以有几种不同的加工方法，例如，平面可以用刨、铣、车、磨、研磨等方法加工，圆柱孔可以用钻、扩、铰、拉、镗、磨等方法加工。不同的加工方法具有不同的技术经济效果，故每个表面的加工方法选得是否正确，对质量、生产率和经济性都有很大影响。

拟订每个表面的加工方法时，除应考虑生产类型和现有生产条件外，还应分析下列因素：

（1）零件的结构形状和尺寸。例如，大型机体的平面可采用铣削，大型箱体孔端的凸台平面可采用铣削，车床床身可采用刨削，不通孔不能采用拉削等。

分析零件上各表面的位置，可以大致确定哪些表面可以在一次装夹中加工出来。例如，某些箱体零件的紧固孔，同轴的阶梯孔等，都应尽量在一次装夹中加工，以减少装夹的辅助时间和提高这些表面的相互位置精度。

（2）加工表面的精度和表面粗糙度可根据其公差等级和表面粗糙度要求，拟订出该表面的最后加工方法，以及该工序加工之前对该表面进行的各种加工方法。例如，机床的主轴轴颈要求是公差等级为IT5，表面粗糙度 Ra 为 $0.025\mu m$，其最后加工必然是研磨或超精加工。在这之前，应进行粗车、精车、粗磨和精磨。又如公差等级为IT7、表面粗糙度 Ra 为 $0.4\mu m$ 的孔，其最后加工可以是铰孔，铰孔前一般需经过钻、扩和粗铰等加工。

（3）材料的机械性能和热处理（如淬火后的表面）一般就不用铣削方法；又如有色金属加工，通常用刀具进行高速切削，较少采用磨削。

（4）毛坯情况（如毛坯上是否有制出的孔）影响该孔加工时要不要钻削，浇冒口、飞边的位置影响零件加工时的装夹，毛坯的精度影响表面的加工工步数目等。

根据上述因素的分析，可以对每个表面拟出几种不同的加工方案，在此基础上进行技术经济分析，以确定最有利的方案。

2．确定各表面的加工顺序

安排工件各表面的加工顺序，一般应考虑以下几个方面。

（1）作为基准的表面，在工艺过程开始时就应该进行加工。例如，轴类零件一般先加工顶尖孔，齿轮先加工内孔和端面，箱体先加工底平面或顶面。

（2）基面加工好后，接着对精度要求高的各主要表面进行粗、精加工（这些表面在加工过程中也可作为其他表面的定位基准），然后加工其他各次要表面。主要表面的精细加工或光整加工应安排在工艺过程的最后进行。某些次要的小表面必要时也可放在最后加工，因为加工小表面时的切削力和夹紧力比较小，一般不至于影响其他已加工表面的精度。对零件上刚性低、强度差的表面，应在较后加工，目的是在加工其他表面时有较好的刚性。因此，为增加加工时的刚性而设的工艺性肋，应在后面切除。

（3）在考虑工序先后时，要照顾到不影响后几个工序的顺利进行。如斜面等应放在后面加工，以免影响工件的顺利安装。

（4）最好能在一次装夹中加工几个表面，这样能保证各表面间的相互位置精度，同时可减少工件的装夹次数，缩短辅助时间。

（5）为了减少工件在加工过程中的搬运路程，在不影响加工质量的前提下，应尽可能按机床布置的情况安排工序的顺序。

除了以上几点，在加工过程中还应合理地安插清洗、检验、划线、去毛刺、手动攻丝等工序。

3．划分加工阶段

（1）在生产中通常将零件加工过程分为粗加工、半精加工和精加工三个阶段。

① 粗加工阶段切除各加工表面大部分余量，使工件形状和尺寸接近成品，其任务主要是为精加工阶段做好准备，例如，准备可靠的定位基准，使加工面余量均匀。另一方面可及时发现毛坯的缺陷（如锻件的裂纹和铸件的夹砂、缩孔等），及时报废或修补，以免浪费更多的工时和管理费用。

② 精加工阶段基本上把零件制成图样上规定的尺寸。若零件某些表面要很高的精度和很小的表面粗糙度，则对这些表面再进行光整加工。

③ 在粗加工和半精加工之间，或半精加工和精加工之间，通常安排热处理等工序，以提高零件的机械性能。

（2）加工过程中划分阶段的目的是：

① 保证加工质量。在粗加工工序中要切去较多的余量，工件中的内应力会重新分布，并且由于加工时工件收到较大的切削力、夹紧力和切削热，变形较大，加工好的表面不可避免地会产生变形，所以粗加工工序是不能得到精确的表面和高的相互位置精度的。

② 由于工艺系统中的机床、夹具、刀具和工件都不是绝对刚体，而是受到载荷会变形的弹性体；又由于零件毛坯本身有制造误差，使加工余量不均匀，引起切削层深度的变化，并使切削力也随切削层深度的多少而变化，因此，加工表面就会产生类似毛坯的形状误差。这种在变力作用下，由于工艺系统的刚性不足，使毛坯的误差复映到加工后工件表面上的现象，称为"误差复映"。当其他条件都不变时，可以采用多次走刀的方法来减少这种误差。为了减少毛坯误差复映到已加工好的工件上，应该通过粗加工和半精加工尽量使各加工面余量均匀，以保证精加工后工件最终的加工误差降低到允许的公差范围内。

③ 合理使用设备。粗加工的目的是切除大部分余量，并不要求高的精度，所以粗加工应在功率大、刚性好和精度不太高的机床上进行。精加工工序则要求机床具有较高的精度。粗、精加工分别在不同的机床上进行，并且高精度的量具也只在精加工和光整加工中使用。

在零件加工过程中，加工阶段的划分不是绝对的，有时可分几个阶段。例如，余量较多时，在粗加工前增加荒加工。有时可少分几个阶段，甚至不分阶段。例如，当工件刚度好，加工余量小，毛坯质量高和加工精度要求不高时，加工过程就可以不分阶段，即可以将一个表面加工完毕后，再加工另一个表面。对一些刚性较好的重型零件，由于装夹吊运很费工时，往往不划分加工阶段，而在一次安装中完成表面的粗、精加工。但光整加工通常总是分为独立的加工阶段，安排在工艺过程的最后，以免经过光整加工过的表面受到损伤。

4．工序的集中和分散

在编制零件的机械加工工艺规程时，有两种不同的方法：工序集中法和工序分散法。

所谓工序集中法是在加工零件的每道工序中，尽可能地多加工几个表面。工序集中到最少时，是一个零件的全部加工在一个工序内完成。

（1）工序集中的原则是：

① 当零件的相对位置精度要求很高时，采用工序集中法容易保证。

② 在加工重型工件时，采用工序集中法可减少搬运和装卸工件的困难。

③ 用组合机床、多刀具机床和自动机床等高生产率机床加工零件，一般都使工序集中，以提高劳动生产率。

④ 对于单件生产，也都采用工序集中法。

在考虑采用工序集中法加工时，对零件的刚性是否能承受多刀刃的切削力，零件的加工位置是否会相互干涉等，都应详细分析。

工序分散法是使每个工序中所包含的工作尽量减少。工序分散到最多时，是每道工序内容只包含一个简单工步。

（2）工序分散的原则是：

① 当零件的尺寸精度和表面粗糙度要求很高时，有必要将工序分开进行。

② 在大批大量生产中，用通用机床（或单工序专用机床）和通用夹具加工时，一般都采用工序分散法。

③ 在大批和大量生产中，工件尺寸不大和类型不固定时，一般都采用工序分散法。

④ 当工人的平均技术水平较低时，宜采用工序分散法。

现在工厂中所用的流水式生产方式，实质上就是采用工序分散法。

随着自动机床和高生产率机床的不断增加，生产组织的日趋完善，工序集中法和分散法往往同时存在。对一个工艺过程来说，可能某个工序用高生产率机床进行集中，某几个工步则分散成几个工序用流水式生产方式进行加工。

5．毛坯余量、工序余量及公差

在切削加工中所切去的全部金属层，称为毛坯余量，又叫总余量。总余量的公差称为毛坯公差，它是用双向公差表示的。

毛坯余量的数值等于各工序余量的总和。毛坯公差越小，毛坯制造的要求越高，费用就越高，但切削加工的费用和时间会大大降低。毛坯公差越大，虽能降低毛坯制造的费用，但会使机械加工过程复杂化，毛坯材料消耗增加，材料的利用率降低。另外，由于零件的第一道工序是利用毛坯定位的，毛坯公差过大会增加定位安装误差，结果往往只能采用按划线找正等低生产率的安装方法。因此，在成批大量生产时，必须缩小毛坯公差，以提高生产率和减少加工费用，并尽量节约原材料。

工件在切削加工时，为了得到该工序所规定的尺寸和表面的质量而切去的金属层称为工序余量。工序余量不应小于上道工序留下的切痕和缺陷，还要考虑工件加工后的变形、热处理后的变形及收缩等引起的误差。

工序余量的公差又称工序尺寸的公差，一般是单向注入金属内部的，故对于被包容面（如工件的厚度等），基本尺寸就是最大尺寸，而对于包容面（如槽宽和孔径等），则是最小尺寸。

铣平面及槽子的工序余量及偏差见表 8-1。

表 8-1　铣平面和槽子的工序余量

加工性质	加工面长度	加工面宽度/mm					
		≤100		>100～300		>300～1000	
		余量	偏差（—）	余量	偏差（—）	余量	偏差（—）
粗加工后精铣	≤300	1.0	0.3	1.5	0.5	2	0.7
	>300～1000	1.5	0.5	2	0.7	2.5	1.0
	>1000～2000	2	0.7	2.5	1.2	3	1.2
精铣后磨削（零件在安装时未经校正）	≤300	0.3	0.1	0.4	0.12	—	—
	>300～1000	0.4	0.12	0.5	0.15	0.6	0.15
	>1000～2000	0.5	0.15	0.6	0.15	0.7	0.15
精铣后磨削（零件安装在夹具内或用百分表校正）	≤300	0.2	0.1	0.25	0.12	—	—
	>300～1000	0.25	0.12	0.3	0.15	0.4	0.15
	>1000～2000	0.3	0.15	0.4	0.15	0.4	0.15
加工性质	槽子长度	槽子宽度（宽度的余量）/mm					
		>3～10		>10～50		>50～120	
		余量	偏差（—）	余量	偏差（—）	余量	偏差（—）
粗铣后精铣	<80	2	0.7	3	1.2	4	1.5
精铣后磨削	<80	0.7	0.12	1	0.17	1	0.2

8.1.4　编制工艺规程的步骤

1. 选择毛坯

毛坯的形状和特征（硬度、精度、表面粗糙度、组织等）对机械加工的难易、工序数量的多少和所需劳动量的大小有直接的影响，因此在成批和大量生产中，毛坯的形状和尺寸尽量与成品接近，达到少切屑甚至无切屑，使机械加工时只需花很少的劳动量，在一般情况下，尽量采用与零件尺寸接近的型材或锻、铸件；当单件、小批生产时，可以使用较粗糙的毛坯，使零件制造过程的劳动量大部分由机械加工承担。总之，要根据实际生产情况和零件的具体要求来决定，使零件总的制造费用最低，生产效率最高。

2．选择各工序所用的机床

机床选择得是否正确，对工艺过程的经济性影响很大。

在单件和小批生产时，一般采用通用机床加工；在成批或大量生产时，采用高效率机床加工。即使机床的生产率与零件的生产纲领相适应，如果机床的生产率低，则同一工序就需要几台机床来进行，这时，工艺装备和操作工人都要增加，占用生产面积也多，工序间的运输也会复杂；相反，若机床生产率过高，就会产生负荷不足现象，造成浪费。但有时为了满足工艺上的要求，即使负荷不足也要选用专用机床，例如，曲轴机床、曲轴磨床、凸轮轴磨床等。

机床的规格和功率及精度等应与零件尺寸大小、精度要求相适应。这一点对于单件生产要求不太严格，而对成批大量生产则需严格遵守，否则会造成很大的浪费。

在产品没有定型时，应采用通用机床和简易专用设备，或将这些机床组成流水式生产线。对批量大的产品在定型之后，可考虑自动机床、完善的专用机床等高生产率机床。

3．选择夹具、刀具和量具

选用合适的夹具，能够保证加工精度，提高劳动生产率，减轻工人的劳动强度。选用夹具时，应首先考虑是否可用机床备有的各种通用夹具和附件（如分度头、圆转台、虎钳、卡盘等）。选择专用夹具时，必须考虑生产类型。单件生产或新产品试制时，也可考虑使用组合夹具。

刀具对加工质量和生产率有很大影响。各道工序所用刀具的类型、结构和尺寸，多半取于工序或工作的性质以及加工种类、加工表面尺寸、工件材料、要求的精度、表面粗糙度、生产率与经济性。选择刀具时，应尽量采用标准刀具，只有在不能使用标准刀具时才采用专用刀具。

选择量具主要根据零件的生产纲领和要求检验的精度。在单件小批生产中广泛应用通用量具（游标卡尺、百分尺等）；在大批大量生产中，采用极限量规格和高生产率的专用检验量具和检验仪器，甚至采用数字显示、自动技术、自动控制等新技术。

4．确定工时定额

工时定额是完成某一工序所规定的时间，是考核车间生产能力和制订生产计划、核算成本的重要依据。合理的工时定额能促进操作工人生产技能和熟练程度的不断提高，发挥他们的积极性和创造性，进而推动生产发展。因此，制订工时定额要防止过紧和过松两种倾向。若过紧，则影响操作工人的主动性和积极性。若过松，则失去了应有的指导生产和促进生产的作用。因此工时定额应具有平均先进水平，并且应随生产水平的提高而及时修订。

8.2 实训项目——典型零件的加工工艺

8.2.1 典型表面的加工方案

生产实践证明，要获得各种公差等级和表面粗糙度的外圆表面、内孔和平面，必须正确地选择加工方法和加工步骤。现将外圆、内孔和平面常用的加工方案和一般所能达到的经济的公差等级、表面粗糙度分别列表（表8-2～表8-4）如下，以便编制工艺规程时参考。

表8-2 外圆表面加工方案和经济的公差等级、表面粗糙度

序 号	加 工 方 案	经济的公差等级	表面粗糙度	适 用 范 围
1	粗车	IT11～13	$R_a80～R_a20$	
2	粗车—半精车	IT8～9	$R_a10～R_a5$	适用于淬火钢以外的各种金属
3	粗车—半精车—精车	IT6～7	$R_a1.6～R_a0.8$	
4	粗车—半精车—精车—滚压（或抛光）	IT6～7	$R_a0.2～R_a0.025$	
5	粗车—半精车—磨削	IT6～7	$R_a0.8～R_a0.4$	主要用于淬火钢，也可用于未淬火钢，但不宜加工有色金属
6	粗车—半精车—粗磨—精磨	IT5～6	$R_a0.4～R_a0.1$	
7	粗车—半精车—粗磨—精磨—超精加工	IT5	$R_a0.1～R_a0.012$	
8	粗车—半精车—精车—金刚石车	IT5～6	$R_a0.4～R_a0.025$	主要用于要求较高的有色金属加工
9	粗车—半精车—粗磨—精磨—超精磨或镜面磨	IT5 以上	$R_a0.025～R_a0.006$	极高精度的外圆加工
10	粗车—半精车—粗磨—精磨—研磨	IT5 以上	$R_a0.1～R_a0.006$	

表8-3 孔加工方案和经济的公差等级、表面粗糙度

序 号	加 工 方 案	经济的公差等级	表面粗糙度	适 用 范 围
1	钻	IT11～13	R_a20	加工未淬火钢及铸铁的实心毛坯，也可用于加工有色金属（但表面粗糙度较大），孔径小于15～20mm
2	钻—铰	IT9	$R_a3.2～R_a1.6$	
3	钻—粗铰—精铰	IT7～8	$R_a1.6～R_a0.8$	
4	钻—扩	IT11	$R_a20～R_a10$	同上，但孔径大于15～20mm
5	钻—扩—铰	IT8～9	$R_a3.2～R_a1.6$	
6	钻—扩—粗铰—精铰	IT7	$R_a1.6～R_a0.8$	
7	钻—扩—机铰—手铰	IT6～7	$R_a0.4～R_a0.1$	
8	钻—（扩）—拉	IT7～9	$R_a1.6～R_a0.1$	大批大量生产（精度视拉刀的精度而定）
9	粗镗（或扩孔）	IT11～13	$R_a20～R_a10$	除淬火钢外各种材料，毛坯有铸出孔或锻出孔
10	粗镗（粗扩）—半精镗（精扩）	IT8～9	$R_a3.2～R_a1.6$	
11	粗镗（扩）—半精镗（精扩）—精镗（铰）	IT7～8	$R_a1.6～R_a0.8$	
12	粗镗（扩）—半精镗（精扩）精镗—浮动镗刀块精镗	IT6～7	$R_a0.8～R_a0.4$	

序　号	加工方案	经济的公差等级	表面粗糙度	适用范围
13	粗镗（扩）—半精镗—磨孔	IT7～8	$R_a0.8～R_a0.2$	主要用于加工淬火钢，也可用于加工未淬火钢，但不宜用于有色金属
14	粗镗（扩）—半精镗—粗磨—精磨	IT6～7	$R_a0.2～R_a0.1$	
15	粗镗—半精镗—精镗—金刚镗	IT6～7	$R_a0.4～R_a0.05$	主要用于精度要求较高的有色金属的加工
16	钻—（扩）—粗铰—精铰—珩磨 钻—（扩）—拉—粗磨 粗镗—半精镗—精镗—珩磨	IT6～7	$R_a0.2～R_a0.025$	精度要求很高的孔
17	以研磨代替上述方案中的珩磨	IT6 以上	$R_a0.1～R_a0.006$	

表 8-4　平面加工方案和经济的公差等级、表面粗糙度

序　号	加工方案	经济的公差等级	表面粗糙度	适用范围
1	粗车—半精车	IT8～9	$R_a6.3～R_a3.2$	端面
2	粗车—半精车—精车	IT6～7	$R_a1.6～R_a0.8$	
3	粗车—半精车—磨削	IT7～9	$R_a0.8～R_a0.2$	
4	粗铣（或粗刨）—精铣（或精刨）	IT7～9	$R_a6.3～R_a1.6$	一般不淬硬平面（端铣的表面粗糙度可较小）
5	粗铣（或粗刨）—精铣（或精刨）—刮研	IT5～6	$R_a0.8～R_a0.1$	精度要求较高，不淬硬平面，批量较大时宜采用宽刃精刨方案
6	粗铣（或粗刨）—精铣（或精刨）—宽刃精刨	IT6	$R_a0.8～R_a0.2$	
7	粗铣（或粗刨）—精铣（或精刨）—磨削	IT6	$R_a0.8～R_a0.2$	精度要求较高的淬硬平面或不淬硬平面
8	粗铣（或粗刨）—精铣（或精刨）—粗磨—精磨	IT5～6	$R_a0.4～R_a0.025$	
9	粗铣—拉	IT6～9	$R_a0.8～R_a0.2$	大量生产较小的平面（精度视拉刀的精度而定）
10	粗铣—精铣—磨削—研磨	IT5 以上	$R_a0.1～R_a0.006$	高精度平面

8.2.2　铣V形铁

加工如图 8-7 所示的 V 形铁零件，根据它的形状、尺寸和技术要求，可在铣床上完成全部加工内容，其工艺规程编制如下：

（1）选择毛坯根据零件的批量和形状，选择长 106mm、宽 76mm 和厚 66mm 的长方形 45钢做毛坯。毛坯用型钢锯成，若无合适的型钢，则改用锻件。

（2）铣床采用 X6132 型普通卧式铣床加工，若分散在几台铣床上加工时，还可采用XW5032 型立式铣床加工。

（3）选择夹具、刀具和量具，根据零件的数量和形状，采用机用虎钳装夹。若大批生产，

可考虑设计多位专用夹具。刀具尽量采用标准铣刀，并可组成组合铣刀进行加工。量具采用游标卡尺，配以检验 V 形槽的简单样板。

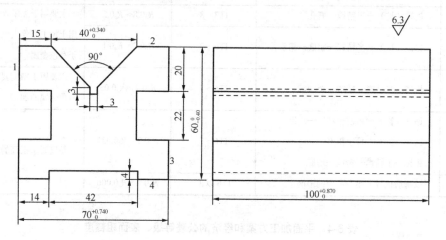

图 8-7　V 形铁

（4）加工此 V 形铁时，采用工序集中和分散相结合的方式，即采用组合铣刀加工，使每个面上的工序集中。对各个面来说，则采取工序分散的方式进行加工。

① 工序 1：以表面 1 为粗基准，紧靠固定钳口，铣削平面 2。

根据加工余量，选择 $80 \times 100 \times 32$（$z=10$）的高速钢圆柱铣刀加工。

铣削用量是：铣削层宽度 $B=74$mm，铣削层深度 $t=3$mm。

因为工件表面粗糙度 Ra 是 6.3μm，要求不高，故以每齿进给量考虑，从铣削用量表中选取 0.10mm/齿。

铣削速度也从铣削用量表中查得：$V=30$m/min。如在铣床上加工，调整机床主轴转速=118r/min，进给量=118mm/min。

每件铣削完毕后，用游标卡尺检验。

此工序也可在 XW5032 型铣床上用高速铣削法加工。

② 工序 2：以已加工过的平面 2 为基准，紧靠固定钳口，铣削表面 3。

用组合铣刀加工。组合铣刀的规格是：一把 $120 \times 22 \times 32$（$z=12$）的高速钢三面刃盘铣刀，两把 $90 \times 24 \times 32$（$B>20$）的高速钢两面刃（或三面刃）盘铣刀，组成组合铣刀进行铣削。其中 $\phi120$ 三面刃铣刀可用 $\phi125$ 三面刃铣刀改磨而成。

用组合铣刀加工时，铣削用量应以工作条件最繁重的铣刀来考虑。本例以铣槽的铣刀来选择铣削用量，即铣削层宽度 $B=22$mm，铣削层深度 $t=18$mm，每齿进给量根据铣削用量表中推荐的数值，选用 0.06mm/齿。

铣削速度根据铣削用量表选为 $v=28$m/min，所以调整机床主轴转速=75r/min，进给量=60mm/min。

每件铣削完毕后，用游标卡尺检验。

③ 工序 3：以平面 2 为基准，紧靠固定钳口，铣削表面 1。铣削条件同工序 2。

④ 工序 4：以平面 2 为基准，紧贴虎钳导轨面上的平行垫铁，铣削表面 4。

如用组合铣刀进行铣削，其中 $\phi118$mm 的三面刃盘铣刀也可用 $\phi125$mm 的三面刃盘铣刀改磨而成。若宽度不易获得 42mm 时，可借用合成铣刀来获得。

加工条件与工序 2 相似。

⑤ 工序 5：铣两端面，以平面 1 为基准，紧靠定位铁，用两把ϕ225mm 的错齿三面刃铣刀铣削两端面。

铣两端面时，由于工件的长度比钳口短，因此装夹时把一块厚度大于 50mm，长度小于 100mm 的平行垫铁作为定位铁。先把定位铁调整成与刀轴平行，并用压板压牢。再把工件的平面 1 紧贴定位铁，在工件下面要垫较薄的平行铁，再用压板把工件夹紧。最好采用弯头压板，目的是使刀轴能在螺母上面通过。

铣削之前，把两铣刀刃口之间的尺寸调整到 100mm。

铣削用量：铣削层宽度为 3mm，铣削层深度 60mm，取每齿进给量为 0.08mm/齿，取切削速度 v=30m/min，所以调整铣床主轴转速=47.5r/min，进给量=60mm/min。铣削完毕后用游标卡尺检验。

此工序也可在卧式铣床上用端铣刀进行加工，但必须要两次装夹来完成。

⑥ 工序 6：以表面 4 为基准，紧贴虎钳导轨面上的平行垫铁，用组合铣刀铣削窄槽和 V 形槽，达到尺寸要求。

组合铣刀是由两把成对的 90×30×27×45°（z=24）的单角度铣刀，以及一把ϕ96×3×ϕ27（z=24）的锯片铣刀（或切口铣刀）组成，锯片铣刀可用ϕ100mm 的旧刀具修磨而成（或定制）。

由于锯片铣刀的齿槽很小，故只能用较小的进给量，而角度铣刀担负着主要的切削任务，因此铣削速度等需根据角度铣刀的工作条件来选择。铣削用量的具体数值是：铣削层宽度为 40mm，角度铣刀的铣削层深度为 18.5mm。每齿进给量采用 0.03mm/齿，铣削速度=20r/min，所以调整铣床主轴转速=60r/min，进给量=37.5mm/min。铣削窄槽和 V 形槽，达到尺寸要求。

⑦ 检查工件，合格后取下，去毛刺，加工结束。

8.2.3 铣十字槽配合件

加工如图 8-8 所示的十字槽配合件，根据它的形状、尺寸和技术要求，可在铣床上完成全部加工内容，其加工工艺如下。

（1）选择毛坯。根据零件的批量和形状，选择长 70mm、宽 60mm 和厚 45mm 的长方形 45 钢做毛坯。毛坯用型钢锯成。若无合适的型钢，则改用锻件。

（2）选择铣床。采用 XW5032 型普通立式铣床加工。

（3）选择夹具、刀具和量具。根据零件的数量和形状，采用机用虎钳装夹。刀具采用标准铣刀。量具采用游标卡尺。

（4）加工十字槽配合件的步骤如下。

① 根据毛坯情况确定粗基准，按矩形工件铣削工艺方法粗铣件 1 及件 2 的六个表面。

根据加工余量，选择ϕ100mm 端铣刀加工。

铣削参数：主轴转速=250r/min，进给量=100mm/min，铣削深度 t=3mm。

② 按矩形工件铣削工艺方法精铣件 1 及件 2 的六个表面，达到尺寸要求，用游标卡尺检测。

铣削参数：主轴转速=300r/min，进给量=58mm/min，铣削深度 t=1mm。

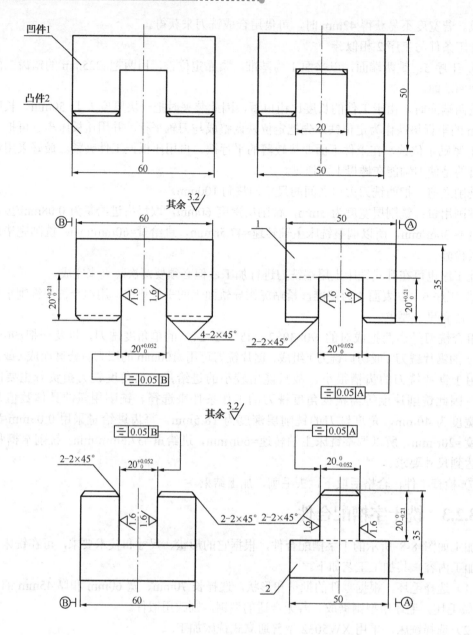

图8-8 十字槽配合件

③ 划加工参考线，铣削凸件一侧台阶达尺寸要求（分层切削）。

选择ϕ18mm粗齿锥柄立铣刀。

铣削参数：主轴转速=190r/min，进给量=27mm/min，铣削深度t=5mm，铣削宽度=9mm。

④ 铣削凸件另一侧台阶达到尺寸要求，保证对称度。

⑤ 铣削凸件中间通槽，注意控制通槽深度，槽底面与台阶底面应在同一高度上。

铣削参数：主轴转速=190r/min，进给量=27mm/min，铣削深度t=2mm，铣削宽度=18mm。

⑥ 划加工参考线，铣削凹件。

铣削凹件两处通槽，注意控制通槽深度，两处槽底面应在同一高度上。

铣削参数：主轴转速=190r/min，进给量=27mm/min，铣削深度 t=2mm，铣削宽度=18mm。

⑦ 倒角。采用周铣法完成件 1 及件 2 倒角工序。

⑧ 检查工件，合格后取下，去掉件 1 及件 2 毛刺，两件相配合，加工结束。

8.2.4　铣偶数矩形牙嵌离合器

加工如图 8-9 所示的 6 齿离合器，采用三面刃铣刀在卧式铣床上铣削，由于是偶数齿矩形离合器，铣刀不能通过整个端面，而且还应防止铣刀铣伤对面的齿。加工工艺如下所述。

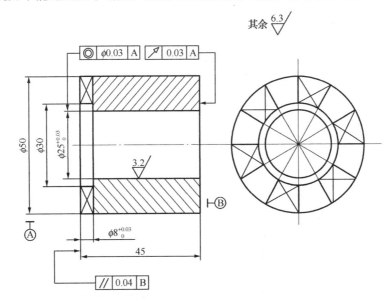

图 8-9　6 齿离合器

（1）铣刀的选择

已知参数为 6 齿的直齿离合器，槽深为 8mm，代入公式算出：B=10mm，D=158mm。因此应选 ϕ160×ϕ27×10 的三面刃铣刀加工。

（2）工件的装夹和校正

在卧式铣床上采用三面刃铣刀铣削，分度头主轴要垂直放置，采用三爪自定心卡盘装夹，校正工件使定位孔 ϕ30mm 与分度头同轴。

（3）铣削用量选择

主轴转速为 75r/min，进给量为 27mm/min，铣削宽度为 10mm，铣削深度为 3mm。

（4）对刀

采用侧面对刀法，使铣刀侧面切削刃擦到工件外圆 ϕ50mm 后，工件向铣刀方向移动 25mm，使铣刀侧面切削刃的回转平面通过工件轴线。

（5）铣齿的一侧

采用分层铣削方式，铣好齿的一侧后，转动分度头，依次铣削每个齿的一个侧面，分度头手柄的转数 n=40/6=（6+44/66）r。铣削时，注意不能碰伤对面的齿。

（6）铣齿的另一侧

在铣另一侧齿前，应调整分度头，使分度头旋转一个齿槽中心角 β=31°，分度手柄应转

$n'=\beta/9°=(3+24/54)$ r。工作台横向移动距离 $S=B=10$mm，从而使三面刃铣刀另一侧面切削刃回转平面通过工件轴线，然后依次铣各齿的另一侧面。

（7）铣齿端倒角

采用 45°单角铣刀加工 1.5mm×45°倒角，铣削方法与铣齿侧面方法相同，在铣完齿的一侧倒角后，将分度头转过一个齿槽中心角 $\beta=31°$，并将单角铣刀翻转 180°后依次铣削另一侧倒角。

（8）检查工件，合格后取下，去毛刺，加工结束。

8.2.5 铣直齿圆柱齿轮

加工如图 8-10 所示的直齿圆柱齿轮，其加工工艺如下所述。

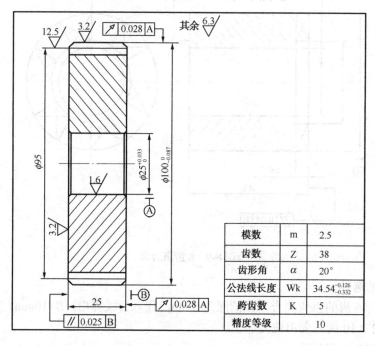

模数	m	2.5
齿数	Z	38
齿形角	α	20°
公法线长度	Wk	$34.54^{-0.126}_{-0.332}$
跨齿数	K	5
精度等级		10

图 8-10 直齿圆柱齿轮

（1）铣刀的选择

根据工件图样，选用 $m=2.5$，$\alpha=20°$的 6 号盘形齿轮铣刀。

（2）检查齿坯

① 齿顶圆直径 d_a 采用游标卡尺或千分尺测量齿顶圆直径是否为 $\phi100$mm。

② 孔径可采用内径千分尺检查。

③ 同轴度和垂直度检查。将齿坯套入标准心轴，将心轴安装在两顶尖之间，使百分表测头分别与齿坯外圆及端面相接触，用手转动工件，看百分表跳动量是否满足加工要求。

（3）工件的装夹和校正

将工件装夹在专用心轴上，套入垫圈，带紧螺母，将心轴装在鸡心夹头上，并安装在两顶尖之间。用百分表使工件外圆的径向圆跳动在 0.05mm 以内。如径向跳动大，可松开螺母，转动工件，拧紧再找正；或在齿坯与垫圈之间垫上纸片，直至达到加工要求。

（4）铣削用量选择

主轴转速为 75r/min，进给量为 27mm/min，铣削深度为 2.5mm。

（5）对刀与验证

① 采用切痕法对刀，对刀后应在刻度盘上做记号，并锁紧横向工作台。

② 验证。对刀后，垂向上升 1.5mm，试铣出第一条齿槽，退刀，转过 180°试铣出第二条齿槽，将分度头转动 90°，在齿槽中放入 ϕ6mm 圆棒，用百分表测量圆棒外圆，然后再转过 180°，用同样方法测量，观察两次读数是否相同，如不同，其差值的 1/2 即为对称中心的偏差，此时调整横向工作台至正确位置，开始铣削。

（6）计算分度

铣完第一个齿槽后，调整分度头手柄的转数 $n=40/38=（1+3/57）r$。即分度手柄应在 57 孔圈上转过 1r 又 3 个孔距，铣削第二个齿槽。铣完两个齿槽后进行检测，合格后再依次铣完全部齿槽。

（7）检测

① 采用齿厚游标卡尺测量分度圆弦尺厚和固定弦尺厚。

② 采用游标卡尺或公法线千分尺测量公法线长度。

（8）合格后取下，去毛刺，加工结束。

思考题 8

1. 什么叫生产过程和工艺过程？

2. 什么叫工序？

3. 什么叫安装和工步？

4. 简述基准有哪几种。

5. 什么叫工艺基准？

6. 什么是粗基准和精基准？如何选择？

附录 A

简单分度表

工件等分数	孔盘孔数	手柄回转数	转过的孔距数	工件等分数	孔盘孔数	手柄回转数	转过的孔距数
2	任意	20	—	42	42	—	40
3	24	13	8	43	43	—	40
4	任意	10	—	44	66	—	60
5	任意	8	—	45	54	—	48
6	24	6	16	46	46	—	40
7	28	5	20	47	47	—	40
8	任意	5	—	48	24	—	20
9	54	4	24	49	49	—	40
10	任意	4	—	50	25	—	20
11	66	3	42	51	51	—	40
12	24	3	8	52	39	—	30
13	39	3	3	53	53	—	40
14	28	2	24	54	54	—	40
15	24	2	16	55	66	—	48
16	24	2	12	56	28	—	20
17	34	2	12	57	57	—	40
18	54	2	12	58	58	—	40
19	38	2	4	59	59	—	40
20	任意	2	—	60	42	—	28
21	42	1	38	62	62	—	40
22	66	1	54	64	24	—	15
23	46	1	34	65	39	—	24
24	24	1	16	66	66	—	40
25	25	1	15	68	34	—	20
26	39	1	21	70	28	—	16

续表

工件等分数	孔盘孔数	手柄回转数	转过的孔距数	工件等分数	孔盘孔数	手柄回转数	转过的孔距数
27	54	1	26	72	54	—	30
28	42	1	18	74	37	—	20
29	58	1	22	75	30	—	16
30	24	1	8	76	38	—	20
31	62	1	18	78	39	—	20
32	28	1	7	80	34	—	17
33	66	1	14	82	41	—	20
34	34	1	6	84	42	—	20
35	28	1	4	85	34	—	16
36	54	1	6	86	43	—	20
37	37	1	3	88	66	—	30
38	38	1	2	90	54	—	24
39	39	1	1	92	46	—	20
40	任意	1	—	94	47	—	20
41	41	—	40	95	38	—	16
96	24	—	10	148	37	—	10
98	49	—	20	150	30	—	8
100	25	—	10	152	38	—	10
102	51	—	20	155	62	—	16
104	39	—	15	156	39	—	10
105	42	—	16	160	28	—	7
106	53	—	20	164	41	—	10
108	54	—	20	165	66	—	16
110	66	—	24	168	42	—	10
112	28	—	10	170	34	—	8
114	57	—	20	172	43	—	10
115	46	—	16	176	66	—	15
116	58	—	20	180	54	—	12
118	59	—	20	184	46	—	10
120	66	—	22	185	37	—	8
124	62	—	20	188	47	—	10
125	25	—	8	190	38	—	8
130	39	—	12	192	24	—	5

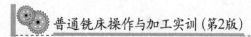
续表

工件等分数	孔盘孔数	手柄回转数	转过的孔距数	工件等分数	孔盘孔数	手柄回转数	转过的孔距数
132	66	—	20	195	39	—	8
135	54	—	16	196	49	—	10
136	34	—	10	200	30	—	6
140	28	—	8	204	51	—	10
144	54	—	15	205	41	—	8
145	58	—	16	210	42	—	8

角度分度表（分度头定数为 40）

分度头主轴转角			孔盘孔数	转过的孔距数	折合手柄转数	分度头主轴转角			孔盘孔数	转过的孔距数	折合手柄转数
度	分	秒				度	分	秒			
0	8	11	66	1	0.0152		27	27	59	3	0.0508
		43	62	1	0.0161			42	39	2	0.0513
	9	9	59	1	0.0169			56	58	3	0.0517
		19	58	1	0.0172		28	25	38	2	0.0526
		28	57	1	0.0175			57	57	3	0.0526
	10	0	54	1	0.0185		29	11	37	2	0.0541
		11	53	1	0.0189		30	0	54	3	0.0556
		35	51	1	0.0196			34	53	3	0.0566
	11	1	49	1	0.0240		31	46	34	2	0.0588
		29	47	1	0.0213			51	3		0.0588
		44	46	1	0.0217		32	44	66	4	0.0606
	12	34	43	1	0.0233		33	4	49	3	0.0612
		51	42	1	0.0238		34	28	47	3	0.0638
	13	10	41	1	0.0244			50	62	4	0.0645
		51	39	1	0.0256		35	13	46	3	0.0652
	14	10	38	1	0.0263		36	0	30	2	0.0667
		36	37	1	0.0270			37	59	4	0.0678
	15	53	34	1	0.0294		37	14	58	4	0.0690
	16	22	66	2	0.0303			40	43	3	0.0698
	17	25	62	2	0.0323			54	57	4	0.0702
	18	0	30	1	0.0333		38	34	28	2	0.0714
		18	59	2	0.0339			42	3		0.0714
		37	58	2	0.0345		39	31	41	3	0.0732

普通铣床操作与加工实训（第2版）

续表

分度头主轴转角			孔盘孔数	转过的孔距数	折合手柄转数	分度头主轴转角			孔盘孔数	转过的孔距数	折合手柄转数
度	分	秒				度	分	秒			
		57	57	2	0.0351	40	0		54	4	0.0741
19	17		28	1	0.0357			45	53	4	0.0755
20	0		54	2	0.0370			55	66	5	0.0758
		22	53	2	0.0377	41	32		39	3	0.0769
21	11		51	2	0.0392	42	21		51	4	0.0784
	36		25	1	0.0400			38	38	3	0.0789
22	2		49	2	0.0408	43	12		25	2	0.0800
	30		24	1	0.0417			33	62	5	0.0806
	59		47	2	0.0426			47	37	3	0.0811
23	29		46	2	0.0435	44	5		49	4	0.0816
24	33		66	3	0.0455	45	0		24	2	0.0833
25	7		43	2	0.0465			46	59	5	0.0847
	43		42	2	0.0476			57	47	4	0.0851
26	8		62	3	0.0484	46	33		58	5	0.0862
	21		41	2	0.0488			57	46	4	0.0870
47	22		57	5	0.0877		10	38	38	5	0.1316
	39		34	3	0.0882		11	19	53	7	0.1321
49	5		66	6	0.0909		12	0	30	4	0.1333
50	0		54	5	0.0926			58	37	4	0.1351
	14		43	4	0.0930		13	13	59	8	0.1356
	57		53	5	0.0943			38	66	9	0.1364
51	26		42	4	0.0952		14	7	51	7	0.1373
52	15		62	6	0.0968			29	58	8	0.1379
	41		41	4	0.0976		15	21	43	6	0.1395
	56		51	5	0.0980			47	57	8	0.1404
54	0		30	5	0.1000		17	9	28	4	0.1429
	55		59	6	0.1017				42	6	0.1429
55	6		49	5	0.1020				49	7	0.1429
	23		39	4	0.1026		18	23	62	9	0.1452
	52		58	6	0.1034		19	1	41	6	0.1463
56	51		38	4	0.1053			25	34	5	0.1471

分度头主轴转角			孔盘孔数	转过的孔距数	折合手柄转数	分度头主轴转角			孔盘孔数	转过的孔距数	折合手柄转数
度	分	秒				度	分	秒			
	57	51	28	3	0.1071		20	0	54	8	0.1481
	58	23	37	4	0.1081			26	47	7	0.1489
		42	46	5	0.1087		21	31	53	8	0.1509
1	0	0	54	6	0.1111			49	66	10	0.1515
		58	62	7	0.1129		22	10	46	7	0.1522
	1	8	53	6	0.1132			22	59	9	0.1525
	2	47	43	5	0.1163		23	5	39	6	0.1538
	3	32	34	4	0.1176			48	58	9	0.1552
		51	51	6	0.1176		24	42	51	8	0.1579
	4	4	59	7	0.1186		25	16	38	6	0.1579
		17	42	5	0.1190				57	9	0.1579
		48	25	3	0.1200		26	24	25	4	0.1600
	5	1	58	7	0.1207		27	6	62	10	0.1613
		27	66	8	0.1212			34	37	6	0.1622
		51	41	5	0.1220			54	43	7	0.1628
	6	7	49	6	0.1224		28	10	49	8	0.1633
		19	57	7	0.1228		30	0	30	5	0.1667
	7	30	24	3	0.1250				42	7	0.1667
	8	56	47	6	0.1277				54	9	0.1667
	9	14	39	5	0.1282				66	11	0.1667
	10	0	54	7	0.1296		31	32	59	10	0.1695
		26	46	6	0.1304			42	53	9	0.1698
		55	47	8	0.1702			14	62	13	0.2097
	32	12	41	7	0.1707			41	38	8	0.2105
	33	6	58	10	0.1724			57	57	12	0.2105
		55	46	8	0.1739		54	33	66	14	0.2121
	34	44	57	10	0.1754			54	47	10	0.2128
	35	18	34	6	0.1765		55	43	28	6	0.2143
		51	51	9	0.1765			42	42	9	0.2143
		48	62	11	0.1774		56	28	51	11	0.2157
	36	26	28	5	0.1786			45	37	8	0.2162

续表

分度头主轴转角			孔盘孔数	转过的孔距数	折合手柄转数	分度头主轴转角			孔盘孔数	转过的孔距数	折合手柄转数
度	分	秒				度	分	秒			
		55	39	7	0.1795		57	23	46	10	0.2174
	38	11	66	12	0.1818		58	32	41	9	0.2195
	39	11	49	9	0.1837			59	59	13	0.2203
		28	38	7	0.1842	2	0	0	54	12	0.2222
	40	0	54	10	0.1852		1	2	58	13	0.2241
		28	43	8	0.1860			13	49	11	0.2245
		41	59	11	0.1864			56	62	14	0.2258
	41	53	53	10	0.1887		2	16	53	12	0.2264
	42	10	37	7	0.1892			44	66	15	0.2273
		25	58	11	0.1897		3	9	57	13	0.2281
		51	42	8	0.1905		4	37	39	9	0.2308
	43	24	47	9	0.1915		5	35	43	10	0.2326
	44	13	57	11	0.1930		6	0	30	7	0.2333
		31	62	12	0.1935			23	47	11	0.2340
	45	22	41	8	0.1951		7	4	34	8	0.2553
		39	46	9	0.1957			51	12	0.2353
		53	51	10	0.1961			54	38	9	0.2368
	46	22	66	13	0.1970		8	8	59	14	0.2373
	48	0	25	5	0.2000			34	42	10	0.2381
			30	6	0.2000		9	8	46	11	0.2391
	49	50	59	12	0.2034			36	25	6	0.2400
	50	0	54	11	0.2037		10	0	54	13	0.2407
		12	49	10	0.2041			21	58	14	0.2414
		46	39	8	0.2051			39	62	15	0.2419
	51	11	34	7	0.2059			55	66	16	0.2424
		43	58	12	0.2069		11	21	37	9	0.2432
	52	5	53	11	0.2075			42	41	10	0.2439
		30	24	5	0.2083			36	25	6	0.2400
	53	1	43	9	0.2093		12	15	49	12	0.2449
		27	53	13	0.2453			49	14	0.2857
		38	57	14	0.2456		35	27	66	19	0.2879

续表

分度头主轴转角 度	分	秒	孔盘孔数	转过的孔距数	折合手柄转数	分度头主轴转角 度	分	秒	孔盘孔数	转过的孔距数	折合手柄转数
15	0		28	7	0.2500			36	59	17	0.2881
			24	6	0.2500	36	19		38	11	0.2895
17	17		59	15	0.2542		46		62	18	0.2903
	39		51	13	0.2549	37	30		24	7	0.2917
	52		47	12	0.2553	38	3		41	12	0.2927
18	8		43	11	0.2558		17		58	17	0.2931
	28		39	10	0.2564		49		34	10	0.2941
19	5		66	17	0.2576				51	15	0.2941
	21		62	16	0.2581	40	0		54	16	0.2963
	39		58	15	0.2586		32		37	11	0.2973
20	0		54	14	0.2593		51		47	14	0.2979
	52		46	12	0.2609	41	3		57	17	0.2982
21	26		42	11	0.2619	42	0		30	9	0.3000
22	6		38	10	0.2632	43	1		53	16	0.3019
			57	15	0.2632		15		43	13	0.3023
	39		53	14	0.2642		38		66	20	0.3030
	56		34	9	0.2647	44	21		46	14	0.3043
23	16		49	13	0.2653		45		59	18	0.3051
24	0		30	8	0.2667	45	18		49	15	0.3061
	53		41	11	0.2683		20		62	19	0.3065
25	57		37	10	0.2703	46	9		39	12	0.3077
26	26		59	16	0.2712	47	9		42	13	0.3095
27	16		66	18	0.2727		35		58	18	0.3103
28	4		62	17	0.2742	49	25		51	16	0.3137
	14		51	14	0.2745	50	0		54	17	0.3448
	58		58	16	0.2759		32		38	12	0.3158
29	22		47	13	0.2766		57		57	18	0.3158
30	0		54	15	0.2778	51	13		41	13	0.3171
	42		43	12	0.2791		49		66	21	0.3182
31	12		25	7	0.2800	52	20		47	15	0.3191
	35		57	16	0.2807		48		25	8	0.3200

分度头主轴转角			孔盘孔数	转过的孔距数	折合手柄转数	分度头主轴转角			孔盘孔数	转过的孔距数	折合手柄转数
度	分	秒				度	分	秒			
	32	18	39	11	0.2821		53	12	53	17	0.3208
		37	46	13	0.2826			34	28	9	0.3414
		50	53	15	0.2830			54	59	19	0.3220
	34	17	28	8	0.2857		54	12	62	20	0.3226
		42	42	12	0.2857			42	34	11	0.3235
	55	8	37	12	0.3243			37	38	14	0.3684
		49	43	14	0.3256			57	57	21	0.3684
	56	5	46	15	0.3261		19	34	46	17	0.3696
		20	49	16	0.3256		20	0	54	20	0.3704
		54	58	19	0.3276			19	62	23	0.3710
3	0	0	30	10	0.3333			56	43	16	0.3721
			42	14	0.3333		21	11	51	19	0.3725
			54	18	0.3333			21	59	22	0.3729
			66	22	0.3333		22	30	24	9	0.3750
	2	54	62	21	0.3387		23	46	53	20	0.3774
	3	3	59	20	0.3390		24	19	37	14	0.3784
		24	53	18	0.3396			33	66	25	0.3788
		50	47	16	0.3404			50	58	22	0.3793
	4	23	41	14	0.3415		25	43	42	16	0.3810
		44	38	13	0.3421		26	28	34	13	0.3824
	6	12	58	20	0.3448			49	47	18	0.3830
	7	21	49	17	0.3469		27	42	39	15	0.3846
		50	46	16	0.3478		28	25	57	22	0.3860
	8	11	66	23	0.3485		29	2	62	24	0.3871
		22	43	15	0.3488			23	49	19	0.3878
	9	28	57	20	0.3509		30	0	54	21	0.3889
		44	37	13	0.3514			31	59	23	0.3898
	10	0	54	19	0.3519			44	41	16	0.3902
		35	34	12	0.3529		31	18	46	18	0.3913
		51	51	18	0.3529			46	51	20	0.3922
	11	37	62	22	0.3548		32	9	28	11	0.3929

续表

分度头主轴转角			孔盘孔数	转过的孔距数	折合手柄转数	分度头主轴转角			孔盘孔数	转过的孔距数	折合手柄转数
度	分	秒				度	分	秒			
	12	12	59	21	0.3559		32	44	66	26	0.3939
		51	28	10	0.3571		33	9	38	15	0.3947
			42	15	0.3571			29	43	17	0.3953
	13	33	53	19	0.3585			58	53	21	0.3962
		51	39	14	0.3590		34	8	58	23	0.3966
	14	24	25	9	0.3600		36	0	25	10	0.4000
	15	19	47	17	0.3617				30	12	0.4000
		31	58	21	0.3621		37	45	62	25	0.4032
	16	22	66	24	0.3636			54	57	23	0.4035
	17	34	41	15	0.3659		38	18	47	19	0.4043
	18	0	30	11	0.3667			34	42	17	0.4048
		22	49	18	0.3673			55	37	15	0.4054
	39	40	59	24	0.4068		1	17	47	21	0.4468
	40	0	54	22	0.4074			35	38	17	0.4474
		25	49	20	0.4082		2	4	58	26	0.4483
		55	66	27	0.4091			27	49	22	0.4490
	41	33	39	16	0.4103		3	32	51	23	0.4510
	42	21	34	14	0.4118			52	62	28	0.4516
		51	51	21	0.4118		4	17	42	19	0.4524
	43	2	46	19	0.4130			32	53	24	0.4528
		27	58	24	0.4138		5	27	66	30	0.4545
		54	41	17	0.4146		6	19	57	26	0.4561
	44	9	53	22	0.4151			31	46	21	0.4565
	45	0	24	10	0.4167		7	7	59	27	0.4576
	46	3	43	18	0.4186			30	24	11	0.4583
		27	62	26	0.4194		8	6	37	17	0.4595
	47	22	38	16	0.4211		9	14	39	18	0.4615
			57	24	0.4211		10	0	54	25	0.4630
	48	49	59	25	0.4237			15	41	19	0.4634
	49	5	66	28	0.4242			43	28	13	0.4643
		47	47	20	0.4255		11	10	43	20	0.4651

分度头主轴转角			孔盘孔数	转过的孔距数	折合手柄转数	分度头主轴转角			孔盘孔数	转过的孔距数	折合手柄转数
度	分	秒				度	分	秒			
	50	0	54	23	0.4259			23	58	27	0.4655
	51	26	28	12	0.4286		12	0	30	14	0.4667
			42	18	0.4286			35	62	29	0.4677
			49	21	0.4286			46	47	22	0.4681
	52	46	58	25	0.4310		13	28	49	23	0.4694
		56	51	22	0.4314			38	66	31	0.4697
	53	31	37	16	0.4324		14	7	34	16	0.4706
	54	0	30	13	0.4333				51	24	0.4706
		20	53	23	0.4340			43	53	25	0.4717
		47	46	20	0.4348		15	47	38	18	0.4737
	55	10	62	27	0.4355				57	27	0.4737
		23	39	17	0.4359		16	16	59	28	0.4746
	56	51	57	25	0.4386		17	9	42	20	0.4762
	57	4	41	18	0.4390		18	16	46	22	0.4783
		16	66	29	0.4394		19	12	25	12	0.4800
		58	59	26	0.4407		20	0	54	26	0.4814
	58	14	34	15	0.4412			41	58	28	0.4828
		36	43	19	0.4419		21	17	62	30	0.4839
4	0	0	54	24	0.4444			49	66	32	0.4848
	22	42	37	18	0.4865			25	62	33	0.5323
	23	5	39	19	0.4872		48	0	30	16	0.5333
		25	41	20	0.4878			37	58	31	0.5345
		43	43	21	0.4884			50	43	23	0.5349
	24	15	47	23	0.4894		49	17	28	15	0.5357
		29	49	24	0.4898			45	41	22	0.5366
		42	51	25	0.4902		50	0	54	29	0.5370
		54	53	26	0.4906			46	39	21	0.5385
	25	16	57	28	0.4912		51	54	37	20	0.5405
		25	59	29	0.4915		52	30	24	13	0.5417
	30	0	66	33	0.5000			53	59	32	0.5424
			42	21	0.5000		53	29	46	25	0.5435

续表

分度头主轴转角			孔盘孔数	转过的孔距数	折合手柄转数	分度头主轴转角			孔盘孔数	转过的孔距数	折合手柄转数
度	分	秒				度	分	秒			
34	35		59	30	0.5085			41	57	31	0.5439
		44	57	29	0.5088		54	33	66	36	0.5455
35	6		53	27	0.5094		55	28	53	29	0.5472
		18	51	26	0.5098			43	42	23	0.5476
		31	49	25	0.5102		56	8	62	34	0.5484
		5	47	24	0.5106			28	51	28	0.5490
36	17		43	22	0.5116		57	33	49	27	0.5510
		35	41	21	0.5122			56	58	32	0.5517
		55	39	20	0.5128		58	25	38	21	0.5526
37	18		37	19	0.5135			43	47	26	0.5532
38	11		66	34	0.5152	5	0	0	54	30	0.5556
		43	62	32	0.5161		1	24	43	24	0.5581
39	19		58	30	0.5172			46	34	19	0.5588
		35	54	28	0.5185		2	2	59	33	0.5593
40	48		25	13	0.5200			22	25	14	0.5600
41	44		46	24	0.5217			44	66	37	0.5606
42	51		42	22	0.5238			56	41	23	0.5610
43	44		59	31	0.5254		3	9	57	32	0.5614
44	13		38	20	0.5263		4	37	39	22	0.5641
			57	30	0.5263			50	62	35	0.5645
45	17		53	28	0.5283		5	13	46	26	0.5652
		53	34	18	0.5294			40	53	30	0.5660
			51	27	0.5294		6	0	30	17	0.5667
46	22		66	35	0.5303			29	37	21	0.5676
		32	49	26	0.5306		7	4	51	29	0.5686
47	14		47	25	0.5316			14	58	33	0.5690
	8	34	28	16	0.5714		29	16	41	25	0.6098
			42	24	0.5714			30	59	36	0.6102
			49	28	0.5714		30	0	54	33	0.6111
	10	0	54	31	0.5741			37	49	30	0.6122
		13	47	27	0.5745			58	62	38	0.6129

分度头主轴转角			孔盘孔数	转过的孔距数	折合手柄转数	分度头主轴转角			孔盘孔数	转过的孔距数	折合手柄转数
度	分	秒				度	分	秒			
		54	66	38	0.5758		31	35	57	35	0.6140
	11	11	59	34	0.5763		32	18	39	24	0.6154
	12	38	38	22	0.5789		33	12	47	29	0.6170
		57	57	33	0.5789			32	34	21	0.6176
	13	33	62	36	0.5806		34	17	42	26	0.6190
		57	43	25	0.5814		35	10	58	36	0.6207
	15	0	24	14	0.5833			27	66	41	0.6212
		51	53	31	0.5849			41	37	23	0.6216
	16	6	41	24	0.5854		36	14	53	33	0.6226
		33	58	34	0.5862		37	30	24	15	0.6250
		57	46	27	0.5870		38	39	59	37	0.6270
	17	39	34	20	0.5882			49	51	32	0.6275
		51	51	30	0.5882		39	4	43	27	0.6279
	18	28	39	23	0.5879			41	62	39	0.6290
	19	2	66	39	0.5909		40	0	54	34	0.6296
		36	49	29	0.5918			26	46	29	0.6304
	20	0	54	32	0.5926		41	3	38	24	0.6316
		20	59	35	0.5932			57	57	36	0.6316
	21	5	37	22	0.5946			28	49	31	0.6327
		26	42	25	0.5952			42	30	19	0.6333
		42	47	28	0.5957		42	26	41	26	0.6341
	22	6	57	34	0.5965		43	38	66	42	0.6364
		15	62	37	0.5968			27	66	41	0.6212
	24	0	25	15	0.6000			41	37	23	0.6216
		30	30	18	0.6000		44	29	58	37	0.6379
	25	52	58	53	0.6034			41	47	30	0.6383
	26	14	53	32	0.6038		45	36	25	16	0.6400
		31	43	26	0.6047		46	9	39	25	0.6410
		51	38	23	0.6053			25	53	34	0.6415
	27	16	66	40	0.6061		47	9	28	18	0.6429
		51	28	17	0.6071				42	27	0.6429

续表

分度头主轴转角			孔盘孔数	转过的孔距数	折合手柄转数	分度头主轴转角			孔盘孔数	转过的孔距数	折合手柄转数
度	分	秒				度	分	秒			
	28	14	51	31	0.6078			48	59	38	0.6441
		42	46	28	0.6087		48	23	62	40	0.6452
	49	25	34	22	0.6471			51	42	29	0.6905
		51	51	33	0.6471		13	51	39	27	0.6923
	50	0	54	35	0.6481		14	31	62	43	0.6935
		16	37	24	0.6486			42	49	34	0.6939
		32	57	37	0.6491		15	15	59	41	0.6949
	51	38	43	28	0.6512		15	39	46	32	0.6957
		49	66	43	0.6515		16	22	66	46	0.6970
	52	10	46	30	0.6522			45	43	30	0.6977
		39	49	32	0.6531			59	53	37	0.6981
	53	48	58	38	0.6552		18	0	30	21	0.7000
	55	16	38	25	0.6579			57	57	40	0.7018
		37	41	27	0.6585		19	9	47	33	0.7021
	56	10	47	31	0.6596			28	37	26	0.7027
		36	53	35	0.6604		20	0	54	38	0.7037
	57	6	62	41	0.6613		21	11	34	24	0.7059
6	0	0	30	20	0.6667				51	36	0.7059
			42	28	0.6667			43	58	41	0.7069
			54	36	0.6667			57	41	29	0.7073
			66	44	0.6667		22	30	24	17	0.7083
	3	6	58	39	0.6724		23	14	62	44	0.7097
		40	49	33	0.6735			41	38	27	0.7105
		55	46	31	0.6739		24	24	59	42	0.7119
	4	11	43	29	0.6744			33	66	47	0.7121
		52	37	25	0.6757		25	43	28	20	0.7143
	5	18	34	23	0.6765				42	30	0.7143
		48	62	42	0.6774				49	35	0.7143
	6	6	59	40	0.6780		27	10	53	38	0.7170
		26	28	19	0.6786			23	46	33	0.7174
		48	53	36	0.6792			42	39	28	0.7179

续表

表中各列为：分度头主轴转角（度、分、秒）｜孔盘孔数｜转过的孔距数｜折合手柄转数（左右两组相同）。

度	分	秒	孔盘孔数	转过的孔距数	折合手柄转数	度	分	秒	孔盘孔数	转过的孔距数	折合手柄转数
	7	12	25	17	0.6800		28	25	57	41	0.7193
		40	47	32	0.6809			48	25	18	0.7200
	8	11	66	45	0.6818		29	18	43	31	0.7209
		47	41	28	0.6829		30	0	54	39	0.7222
	9	28	38	26	0.6842			38	47	34	0.7234
			57	39	0.6842		31	2	58	42	0.7241
	10	0	54	37	0.6852			46	51	37	0.7255
		35	51	35	0.6863			56	62	45	0.7258
	12	25	58	40	0.6897		32	44	66	48	0.7273
	33	34	59	43	0.7288		54	25	43	33	0.7674
	34	3	37	27	0.7297		55	23	39	30	0.7692
	35	7	41	30	0.7317		56	51	57	44	0.7719
	36	0	30	22	0.7333		57	16	66	51	0.7727
		44	49	36	0.7347			44	53	41	0.7736
	37	4	34	25	0.7353		58	4	62	48	0.7742
		54	38	28	0.7368			47	49	38	0.7755
			57	42	0.7368			58	58	45	0.7759
	38	34	42	31	0.7381	7	0	0	54	42	0.7778
	39	8	46	34	0.7391		1	1	59	46	0.7797
	40	0	54	40	0.7407			28	41	32	0.7805
		21	58	43	0.7414		2	37	46	36	0.7829
		39	62	46	0.7419		3	15	37	29	0.7838
		55	66	49	0.7424		3	32	51	40	0.7843
	41	32	39	29	0.7436		4	17	28	22	0.7857
		52	43	32	0.7442				42	33	0.7857
	42	8	47	35	0.7447		5	6	47	37	0.7872
		21	51	38	0.7451			27	66	52	0.7879
		43	59	44	0.7458		6	19	38	30	0.7895
	45	0	28	21	0.7500				57	45	0.7895
	47	22	57	43	0.7544			46	62	49	0.7903
		33	53	40	0.7547			59	43	34	0.7907

续表

分度头主轴转角			孔盘孔数	转过的孔距数	折合手柄转数	分度头主轴转角			孔盘孔数	转过的孔距数	折合手柄转数
度	分	秒				度	分	秒			
		45	49	37	0.7551	7	30	24	19	0.7917	
	48	18	41	31	0.7561		55	53	42	0.7925	
		39	37	28	0.7568	8	17	58	46	0.7931	
	49	5	66	50	0.7576		49	34	27	0.7941	
		21	62	47	0.7581	9	14	39	31	0.7949	
		39	58	44	0.7568		48	49	39	0.7959	
	50	0	54	41	0.7593	10	0	54	43	0.7963	
		24	25	19	0.7600		10	59	47	0.7966	
		52	46	35	0.7609	12	0	30	24	0.8000	
	51	26	42	32	0.7619	13	38	66	53	0.8030	
		52	59	45	0.7627	14	7	51	41	0.8039	
	52	6	38	29	0.7632		21	46	37	0.8043	
		56	34	26	0.7647		58	41	33	0.8049	
		51	39	0.7647		15	29	62	50	0.8065	
	53	37	47	36	0.7660		47	57	46	0.8070	
	54	0	30	23	0.7667	16	36	47	38	0.8085	
	17	9	42	34	0.8095		29	53	45	0.8491	
		35	58	47	0.8103	39	34	47	40	0.8511	
		50	37	30	0.8108	40	0	54	46	0.8519	
	18	7	53	43	0.8113		35	34	29	0.8529	
	19	19	59	48	0.8136		59	41	35	0.8537	
		32	43	35	0.8140	41	37	62	53	0.8548	
	20	0	54	44	0.8148	42	51	28	24	0.8571	
		32	38	31	0.8158		42	42	36	0.8571	
		49	49	40	0.8163		49	49	42	0.8571	
	21	49	66	54	0.8182	44	13	57	49	0.8596	
	23	5	39	32	0.8205		39	43	37	0.8605	
		34	28	23	0.8214	45	31	58	50	0.8621	
	24	12	62	51	0.8226		53	51	44	0.8627	
		42	34	28	0.8235	46	22	66	57	0.8636	
		51	42	0.8235			47	59	51	0.8644	

分度头主轴转角			孔盘孔数	转过的孔距数	折合手柄转数	分度头主轴转角			孔盘孔数	转过的孔距数	折合手柄转数
度	分	秒				度	分	秒			
	25	16	57	47	0.8246		47	2	37	32	0.8649
	26	5	46	38	0.8261		48	0	30	26	0.8667
		54	58	48	0.8276			41	53	46	0.8679
	27	48	41	34	0.8293			57	38	33	0.8684
	28	5	47	39	0.8298		49	34	46	40	0.8696
		28	59	49	0.8305		50	0	54	47	0.8704
	30	0	30	25	0.8333			19	62	54	0.8710
			42	35	0.8333			46	39	34	0.8718
			54	45	0.8333		51	4	47	41	0.8723
			66	55	0.8333		52	30	24	21	0.8750
	31	50	49	41	0.8367		53	41	57	50	0.8772
	32	6	43	36	0.8372			53	49	43	0.8776
		26	37	31	0.8378		54	9	41	36	0.8780
		54	62	52	0.8387		54	33	66	58	0.8788
	33	36	25	21	0.8400			50	58	51	0.8793
	34	44	38	32	0.8421		55	12	25	22	0.8810
			57	48	0.8421			43	42	37	0.8810
	35	18	51	43	0.8431			56	59	52	0.8814
	36	12	58	49	0.8448		56	28	34	30	0.8824
		55	39	33	0.8462				51	45	0.8824
	37	38	59	50	0.8475		57	13	43	38	0.8837
		50	46	39	0.8478		58	52	53	47	0.8868
	38	11	66	56	0.8485			59	62	55	0.8871
8	0	0	54	48	0.8889		21	25	28	26	0.9286
	1	18	46	41	0.8913				42	39	0.9286
		37	37	33	0.8919		22	6	57	53	0.9298
	2	9	28	25	0.8929			20	43	40	0.9302
		33	47	42	0.8936			46	58	54	0.9310
		44	66	59	0.8939		23	23	59	55	0.9322
	3	9	38	34	0.8947		24	0	30	28	0.9333
			57	51	0.8947			47	46	43	0.9348

续表

度	分	秒	孔盘孔数	转过的孔距数	折合手柄转数	度	分	秒	孔盘孔数	转过的孔距数	折合手柄转数
4	8		58	52	0.8966		25	10	62	58	0.9355
		37	39	35	0.8974			32	47	44	0.9362
		54	49	44	0.8980		26	56	49	46	0.9388
5	5		59	53	0.8983		28	14	34	32	0.9412
6	0		30	27	0.9000				51	48	0.9412
7	4		51	46	0.9020		29	26	53	50	0.9434
		19	41	37	0.9024		30	0	54	51	0.9444
		44	62	56	0.9032			49	37	35	0.9459
8	34		42	38	0.9048		31	35	38	36	0.9474
9	3		53	48	0.9057				57	54	0.9474
		46	43	39	0.9070		32	4	58	55	0.9483
10	0		54	49	0.9074			18	39	37	0.9487
		55	66	60	0.9091			33	59	56	0.9492
12	21		34	31	0.9118		33	40	41	39	0.9512
		38	57	52	0.9123			52	62	59	0.9516
13	3		46	42	0.9130		34	17	42	40	0.9524
		27	58	53	0.9138			53	43	41	0.9535
14	3		47	43	0.9149		35	27	66	63	0.9545
		14	59	54	0.9153		36	31	46	44	0.9565
		55	49	45	0.9184		37	1	47	45	0.9574
16	13		37	34	0.9189			30	24	23	0.9583
		27	62	57	0.9194			58	49	47	0.9592
		48	25	23	0.9200		38	24	25	24	0.9600
17	22		38	35	0.9211			44	51	49	0.9608
		39	51	47	0.9216		39	37	53	51	0.9623
18	28		39	36	0.9231		40	0	54	52	0.9630
19	5		66	61	0.9242			43	28	27	0.9643
		15	53	49	0.9245		41	3	57	55	0.9649
20	0		54	50	0.9259			23	58	56	0.9655
		29	41	38	0.9268			42	59	57	0.9661
42	0		30	29	0.9667			31	47	46	0.9787

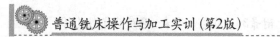
分度头主轴转角			孔盘孔数	转过的孔距数	折合手柄转数	分度头主轴转角			孔盘孔数	转过的孔距数	折合手柄转数
度	分	秒				度	分	秒			
		35	62	60	0.9677			59	49	48	0.9796
	43	38	66	64	0.9697		49	25	51	50	0.9804
	44	7	34	33	0.9706			49	53	52	0.9811
	45	24	37	36	0.9730		50	0	54	53	0.9815
		47	38	37	0.9737			32	57	56	0.9825
	46	1	39	38	0.9744			41	58	57	0.9828
		50	41	40	0.9756			51	59	58	0.9831
	47	9	42	41	0.9762		51	17	62	61	0.9839
8		27	43	42	0.9767			49	66	65	0.9848
	48	16	46	45	0.9783	9	0	0			1.0000

课后思考题参考答案

 思考题1

1. 铣床可分为哪两大类？各有什么特点？

（1）铣床按主轴位置可分为卧式和立式两种。

（2）卧式铣床的主轴与工作台台面平行，主轴在水平位置。

立式铣床的主轴与工作台台面垂直，主轴在垂直位置。

2. 铣削加工的主要工作内容有哪些？

铣平面、直角通槽、铣T形槽、铣键槽、铣凹圆弧面、铣台阶、铣离合器、切断、镗孔、铣螺旋槽、铣齿轮

3. 铣床常用工具有哪些？怎样分类？举例说明。

常用工具有锤子、各种型号的扳手、划线盘、锉刀等。

（1）锁紧工具如平口钳扳手。

（2）划线工具如划线盘。

（3）辅助定位工具如锤子。

（4）清理毛刺工具如锉刀。

4. 铣床常用量具有哪些？

钢直尺、游标卡尺、千分尺、百分表、万能角度尺、直角尺、塞尺等。

5. 为什么要把安全生产放在第一位？

防止存在安全隐患，杜绝安全事故发生。

6. 常用铣床的类型有哪些？本书主要介绍的是什么铣床？

（1）常用铣床有升降台铣床、龙门铣床、工具铣床等

（2）本书主要介绍的是X6132型卧式万能升降台铣床

7. 维护和保养好铣床有哪些益处？

保证铣床精度，延长铣床使用寿命。

8. 铣刀的种类有哪些？试述常用铣刀材料。

（1）常用的铣刀有圆柱铣刀、端铣刀、三面刃铣刀、T形槽铣刀、键槽铣刀、凸半圆铣刀、离合器铣刀、锯片铣刀、镗孔刀、螺旋槽刀、齿轮铣刀等。

（2）生产中使用的刀具材料有高速钢、硬质合金、陶瓷、金刚石、立方碳化硼等。常用

的铣刀刀具材料有高速钢和硬质合金两种。

9．高速钢铣刀有什么特点？

高速钢具有较高的硬度（热处理硬度可达 63～66HRC）和耐热性（600～650℃），切削碳钢时的切削速度一般不高于 50～60m/min；同时具有高的强度（其抗弯强度为一般硬质合金的 2～3 倍）和韧性，能抵抗一定的冲击振动。高速钢还具有较好的工艺性，可以制造刃形复杂的刀具，如钻头、丝锥、成型刀具、拉刀和齿轮刀具等。高速钢刀具可加工从碳钢到合金钢、从有色金属到铸铁等多种材料。

10．硬质合金刀有什么特点？

硬质合金的硬度高达 HRA89～93，能耐 850～1000℃的高温，具有良好的耐磨性，允许的切削速度比高速钢高 4～10 倍（切削速度可达 100～300m/min 以上），可加工包括淬火钢在内的多种材料。硬质合金抗弯强度低、冲击韧性差、工艺性差、较难加工，故不易做成形状复杂的整体刀具。

11．安装铣刀、拆卸铣刀有什么不同，应注意哪些方面？

铣刀拆卸的步骤与安装步骤顺序相反。

注意事项：

（1）不影响加工时，尽量使铣刀接近主轴，有助于切削稳定，减少振动。

（2）防止铣刀刀齿划破手指，安装及拆卸铣刀的时候最好垫上棉纱。

（3）安装铣刀时，螺母扳手力臂不要过长，否则容易引起刀杆弯曲变形。

12．简述铣床上常用工件的装夹方法。

（1）平口钳装夹工件。

（2）压板装夹工件。

（3）V 形铁装夹工件。

（4）三爪卡盘装夹工件。

（5）万能分度头装夹工件。

（6）回转盘装夹工件。

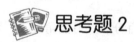 思考题 2

1．手摇进给手柄，正摇一转后反摇一转，刻度盘恢复到原位，工作台能否恢复到原位？为什么？

不能。因为工作台靠丝杠及丝母移动，丝杠与丝母存在配合间隙，正摇一转后反摇，并没有消除丝杠与丝母间隙，虽然刻度盘数值相同，但存在误差，误差值为该铣床丝杠与丝母的间隙值。

2．按刻度盘刻度摇进给手柄，若摇过了，则直接反摇至预定刻度是否可以？为什么？简述正确的操作方法。

不可以。因为没有消除丝杠与丝母的配合间隙。

当刻度值摇过后，应反摇一圈消除丝杠与丝母间隙后再重新摇到预定刻度。

3．什么叫端面铣削？什么叫周边铣削？

用分布于铣刀端平面上的刀齿进行的铣削称为端铣。

用分布于铣刀圆柱面上的刀齿铣削工件表面称为周铣。

4．什么叫顺铣？什么叫逆铣？

铣削时，铣刀切入工件时的切削速度方向与工件进给方向相反，称为逆铣。

铣削时，铣刀切出工件时的切削速度方向与工件进给方向相同，称为顺铣。

5．简述顺铣和逆铣的优缺点。

（1）铣削厚度的变化影响。逆铣时，刀齿的切削厚度由薄到厚。顺铣时，刀齿的切削厚度由厚到薄，故没有上述缺点。

（2）切削力方向的影响。顺铣时，铣削力的纵向（水平）分力的方向与进给力方向相同，引起进给量突然变化，影响工件的加工质量，严重时会使铣刀崩刃。逆铣时，铣削力的纵向分力的方向与进给力方向相反，使丝杠与螺母能始终保持在螺纹的一个侧面接触，工作台不会发生窜动。顺铣时刀齿每次都是从工件外表面切入金属材料，所以不宜用来加工有硬皮的工件。

6．什么叫对称铣削？什么叫不对称逆铣和不对称顺铣？

在铣削时，工件处在铣刀的中间，刀齿对工件的作用力，在前半边时与进给方向相反，在后半边时与进给方向一致的铣削方式称为对称铣削。

在铣削时，工件偏在铣刀的一边，称为非对称铣。铣削力在进给方向的分力之和与进给方向相反是非对称逆铣。铣削力在进给方向的分力之和与进给方向相同是非对称顺铣。

7．切削液有什么作用？如何选择使用？

切削液具有冷却、润滑及防锈作用。

（1）粗加工时，应选用以冷却为主并具有一定润滑、清洗和防锈作用的切削液，如水溶液和乳化液等。

（2）精加工时，应选用以润滑为主，并具有一定冷却作用的切削液，如切削油。

在铣削铸铁等脆性金属时，一般不加切削液。在用硬质合金铣刀进行高速切削时，也可不用切削液。

8．使用机用平口钳装夹工件时应注意什么？

（1）在铣床上安装平口钳时，应擦净钳座底面、铣床工作台台面；装夹工件时，应擦净钳口平面、钳体导轨面及工件表面。

（2）为使夹紧可靠，应尽量使工件与钳口工作面的接触面积大一些。夹持短于钳口宽度的工件时应尽量应用中间均等部位。

（3）装夹工件时，工件待铣去的余量层应高出钳口上的平面，但不宜高出过多，高出的高度以铣削时铣刀不接触钳口上平面为宜。

（4）用平行垫铁在平口钳上装夹工件时，所选用垫铁的平面度、平行度、相邻表面的垂直度应符合要求。垫铁表面应具有一定的硬度。

（5）装夹较长工件时，可用两台或多台平口钳同时夹紧，以保证夹紧可靠，并防止切削时发生振动。

（6）要根据工件的材料、几何廓形确定适当的夹紧力，不可过小，也不能过大。不允许任意加长平口钳手柄。

（7）在铣削时，应尽量使水平铣削分力的方向指向固定钳口。

（8）夹持表面光洁的工件时，应在工件与钳口间加垫片，以防止划伤工件表面。

（9）为提高回转式平口钳的刚性、增加切削稳定性，可将平口钳底座取下，把钳身直接固定在工作台上。

9．使用螺栓、压板装夹工件时应注意什么？

（1）根据工件的形状、刚性和加工特点确定夹紧力的大小，既要防止由于夹紧力过小造成工件松动，又要避免夹紧力过大使工件变形。一般精铣时的夹紧力小于粗铣时的夹紧力。

（2）如果压板夹紧力的作用点在工件已加工表面上，则应在压板与工件间加铜质或铝质垫片，以防止工件表面被压伤。

（3）在工作台面上夹紧毛坯工件时，为保护工作台面，应在工件与工作台面间加垫软金属垫片。如果在工作台面上夹紧较薄且有一定面积的已加工表面时，可在工件与工作台面间加垫纸片以增加摩擦，这样做可提高夹紧的可靠性，同时保护工作台面。

10．铣削垂直面时为什么要在活动钳口和工件之间放置圆棒？

为了确保精基准面1与固定钳口紧密贴合，从而保证加工的平面2与定位平面1之间的垂直度。

11．简述铣削矩形工件的步骤。

（1）铣削平面1。选择六面体的平面1作为精基准面，因为精基准面是加工其他各面的定位基准，所以先铣削加工平面1。

（2）铣削平面2。以平面1为定位基准装夹工件，并在工件与活动钳口之间加装圆棒，确保精基准面1与固定钳口紧密贴合，从而保证加工的平面2与定位平面1之间的垂直度。

（3）铣削平面3。仍以平面1为基准，用相同的装夹方式铣削平面3。

（4）铣削平面4。此时工件的平面1、2、3均为精基准面，装夹工件时将平面1作为主要基准面。在平口钳的导轨面上定位，应保证工件上的加工面与相应面的平行度和尺寸公差。

（5）铣削平面5。为了保证与平面1和平面2都垂直，除了使平面1和平口钳固定钳口相贴合外，还要用90°角尺找正平面2对工作台台面的垂直度。

（6）铣削平面6并保证长度尺寸。

12．何谓斜面？常用哪些方法铣斜面？

所谓斜面，就是指零件上与基准面呈倾斜的平面，它们之间相交成一个任意的角度。

（1）把工件转成所需角度铣斜面。

（2）把铣刀转成所需角度铣斜面。

（3）用角度铣刀铣斜面。

13．转动工件铣斜面的方法有哪几种？

（1）使用倾斜垫铁装夹铣斜面。

（2）使用平口钳装夹铣斜面。

14．试述斜面的检验方法。

用万能角度尺检验斜面。检验时，先将万能角度尺的底边贴紧工件的基准面，然后把万能角度尺调整到紧贴工件的斜面位置，读出数值与图样公差对比。

对精度要求比较高的斜面，可用正弦规检验。

15．铣削加工工艺守则包括哪些内容？

（1）铣刀的选择及装夹。

（2）工件的装夹。

（3）铣削加工。

（4）顺铣与逆铣的选用。

 思考题 3

1．三刃立铣刀铣通槽时为什么需钻落刀孔？四刃立铣刀需不需要？键槽刀需不需要？为什么？

（1）由于立铣刀的端面切削刃不通过中心，因此，加工封闭式直角沟槽及通槽时要预钻落刀孔。

（2）四刃立铣刀也需要钻落刀孔。

（3）键槽铣刀不需要钻落刀孔，因为键槽铣刀的端面切削刃通过中心，可以对工件进行垂直方向的切削，而且无须落刀孔即可直接落刀对工件进行铣削。

2．铣 V 形槽一般用什么铣刀加工？用什么方法测 V 形槽口尺寸和对称度？

（1）用角度铣刀一次铣出 V 形槽两个槽面。

（2）用立铣刀分别铣出 V 形槽的两个槽面。

（3）用三面刃铣刀分别铣出 V 形槽的两个槽面。

V 形槽槽宽用间接检测尺寸确定，槽面对称度用卡尺测量。槽角可用万能角度尺测量，也可用角度样板比对，还可以用槽宽的计算公式反推槽角而间接测量。

3．切断工件时，应尽量使铣刀圆周刃刚好与工件底面相切，或稍高于工件底面，即铣刀刚刚切透工件即可，为什么？

切断工件时，正确选择锯片铣刀的参数依据是直径和厚度。铣刀的直径太小，就无法切断规定厚度的工件；铣刀的直径太大时其强度不够，容易折断刀齿，甚至打坏破裂等。

4．试述三面刃铣刀铣削台阶面对刀的方法。

启动机床，调整铣刀位置，使铣刀圆周切削刃刚擦到工件表面（可用薄纸法调整，即工件表面贴上一张浸过油的薄纸，然后开动机床，慢慢升高工作台，使铣刀的圆周切削刃擦到薄纸），然后纵向退出工件，完成对刀。

5．简述用立铣刀铣削台阶面的方法。

立铣刀圆周面上的切削刃起主要的切削作用，端面切削刃起修光作用。由于立铣刀的外径小于三面刃铣刀，主切削刃较长，所以刚度及强度较小。因此，其铣削用量不能过大，否则铣刀容易折断。对尺寸要求严格的台阶，仍需分层铣削或粗、精铣分开，当台阶的尺寸较大时，应用面铣刀一次铣出台阶的宽度，垂直面留精修量，再用立铣刀精修侧壁。

6．简述直角沟槽加工铣削的方法

直角沟槽除三面刃铣刀外，也可用槽铣刀和合成铣刀加工。对封闭的沟槽，则都采用立铣刀或键槽铣刀加工。

（1）选择铣刀。

（2）校正夹具和安装工件。

（3）确定铣削用量。

（4）调整铣刀对工件的位置和铣削深度，精加工前留 1mm 余量

7．键槽加工时有几种对刀方法？

（1）切痕对刀法。

（2）划线对刀法。

（3）擦边对刀法。

（4）百分表对刀法。

8．试述切断的工作步骤。

（1）选择切断铣刀。

（2）安装铣刀。

（3）装夹工件。

（4）确定铣削用量。

（5）操作方法：

在操作时，可以用钢直尺或标准长度的工件来定出工件与铣刀的相对位置，然后进行切断，并根据情况充分使用切削液。

思考题 4

1．论述分度头的功用。

（1）将工件进行任意的圆周等分，或通过交换齿轮进行直线移距分度。

（2）能在 -6°～90°的范围内，将工件轴线装夹成水平、垂直或倾斜的位置。

（3）能通过交换齿轮，使工件随分度头主轴旋转和工作台直线进给，实现螺旋运动，用于铣削螺旋面和等速凸轮的型面。

2．怎样找正万能分度头的主轴？

（1）在分度头主轴上安装验棒。

（2）用百分表测量验棒的上母线及侧母线。

（3）修复主轴位置误差，使百分表指针偏移量在允许的范围内。

3．什么是分度头的定数？

是指分度头内的单头蜗杆与蜗轮的传动比为 1∶40，此数为分度头定数。

4．在 F11 250 分度头上，分别完成简单分度计算：①$z=18$；②$z=34$；③$z=64$。

① $z=18$；$n = \dfrac{40}{18} = 2\dfrac{2}{9} = 2\dfrac{12}{54}$

② $z=34$；$n = \dfrac{40}{34} = 1\dfrac{6}{34}$

③ $z=64$；$n = \dfrac{40}{64} = \dfrac{5}{8} = \dfrac{15}{24}$

5．在卧式铣床上铣正六边形时有哪些操作步骤？

（1）选择与安装铣刀并调整铣削用量。

（2）装夹、找正毛坯。

（2）装夹与找正工件。

（3）分度计算及分度定位销和分度叉的调整。

已知公式：得 $n = \dfrac{40}{6} = 6\dfrac{6}{6}$ $n = \dfrac{40}{6} = 6\dfrac{4}{6} = 6\dfrac{44}{64}$（转）

调整分度定位销。选用 66 孔圈数的分度盘，即每铣完一次后，分度手柄应转过 6 转又 44 个孔距。

（4）对刀。

（5）走刀切削。

（6）检测。

6. 铣六角面可用组合铣刀，铣四角面可以用吗？铣五角面呢？有什么规律？

铣四角面可用组合铣刀。铣五角面不能用组合铣刀。

组合铣刀能保证产品质量和切削效率，但只适用于对称面铣削加工。

7. 简述平面等距刻线的操作方法。

（1）定位夹具与工件

将平口钳安放在工作台中间 T 形槽位置上，校正固定钳口与纵向工作台进给方向平行后压紧。在工件下面垫上适当高度的平行垫铁，使工件高出钳口约 5mm 左右，找正工件，使工件上表面与工作台面的平行度在 0.03mm 以内。

（2）刻线移距的方法——刻度盘法

刻度盘法移距刻线的情况有两种：

① 每条刻线的间距为整数值；

② 每条刻线的间距是刻度盘上每一小格移距数值的整数倍。

工件刻线移距值与刻度盘刻线的关系为：$n = t/s_1$

（3）刻线移距的方法——主轴交换齿轮法

系统组成是在分度头主轴后锥孔内插入交换齿轮的心轴，在心轴和工作台丝杆上安装交换齿轮，并使其啮合构成一个传动系统。改变传动系统中的交换齿轮齿数，即变换传动比，即可由传动系统获得刻线所需要的移距交换齿轮。

齿数及分度转数关系的计算公式为：

$$\frac{z_1 z_3}{z_2 z_4} = \frac{40t}{np}$$

8. 简述角度刻线的操作方法。

（1）刻线刀的安装

刻线刀安装要牢固，安装后刻线刀的基面应垂直于刻线进给方向，安装好后应注意锁紧主轴并切断电源，以免刻线时主轴发生转动。

（2）工件的装夹与校正

工件在分度头上用三爪自定心卡盘水平装夹，在立式铣床上采用工作台纵向进给的方式进行圆周刻线。装夹工件时，应对工件的径向圆跳动进行校正，以免刻出的刻线深浅不一、粗细不均。

（3）对刀、刻线

① 计算每格刻线手柄的旋转量。

② 调整刻线长度。

使刻线刀刀尖对正工件的端面，然后根据零件尺寸，将工作台纵向手柄的刻度盘"对零"锁紧，并在相应的刻度上做好标记。

③ 刻线。

调整工作台，使刀尖轻轻划到工件表面后退出工件，上升工作台 0.1～0.15mm，目测刻后线条清晰程度，对刻线深度进行适当的调整。通常，刻线深度控制为 0.2～0.5mm。

④ 取下工件。

刻度线刻好后，摇动工作台纵向移动手柄，退出工件；松开三爪自定心卡盘，取下工件。如果加工多件，则应注意工作台的高度和横向位置要保持不变，以减少下一个工件加工时的调整时间。工件取下后，应妥善保管，注意防止表面划伤。

 思考题 5

1．为什么如果花键轴不以其内径定心，则可以在铣床上加工？

用铣床铣削花键轴，主要适用于单件生产或维修，也用于以外径定心的矩形齿花键轴及以键侧定心的矩形齿花键轴的粗加工，这类花键轴的外径或键侧精度通常由磨削加工来保证。

而内径定心的花键轴，通过铣削加工方式无法获得所需要的配合精度，因此不能在铣床上加工。

2．用单刀铣削矩形齿外花键，工件一般用什么方法装夹？怎样找正工件？

用单刀铣削矩形齿外花键时，工件装夹可选用 F11125 型万能分度头分度，采用两顶尖和拨盘、鸡心夹头装夹工件。

两顶尖定位并用鸡心夹和拨盘装夹工件后，用百分表找正上素线与工作台面平行，侧素线与纵向进给方向平行，找正工件与分度头轴线的同轴度在 0.03mm 以内。当工件与分度头轴线同轴度有误差时，可将工件转过一个角度装夹后，再进行找正，若还有误差，也可在卡爪与工件之间垫薄铜片，直至工件大径外圆与回转中心同轴度在 0.03mm 之内。上素线与工作台面的平行度、侧素线与进给方向平行度均在 100mm 长 0.02mm 范围内。

3．用单刀铣削矩形齿外花键，如何对刀？

采用切痕法对刀，调整三面刃铣刀铣削中间槽的位置，使铣出的直角槽对称工件轴线。

4．怎样处理铣削时槽底与轴线不平行的问题？

（1）工件定位不准确，应重新装夹，使轴线与工作台面平行

（2）铣刀被铣削力拉下，将铣刀安装牢固，适当减小切削用量。

5．矩形离合器获得齿侧间隙的方法有哪两种？各有什么特点？

（1）对刀时使铣刀侧刃偏离工件中心一个距离 e（通常 e=0.1～0.5mm），采用此方法加工的离合器由于齿侧面不通过轴心线，离合器结合时，齿侧面只有外圆处接触，对承载能力有一定影响，故适用于加工精度要求不高或软齿面的离合器。

（2）对刀时使铣刀侧刃通过工件中心，在奇数齿离合器铣削完成后，使离合器转过一个角度$\Delta\theta$=1°～2°，再铣削一次，将所有齿的左侧和右侧切去一部分，此时，$\Delta\theta$=（齿槽角—齿面角）/2。采用该方法加工的离合器，全部齿面均通过轴心线的径向平面，齿侧面贴合较

好，适用于要求精度较高的离合器加工，但铣削次数较上一种方法多。

6．锯齿形离合器铣削时如何选用铣刀？

铣削锯齿形离合器时应选用单角铣刀，其齿形角与离合器齿形角相等。

7．牙嵌离合器的装配基准部位是什么？铣削离合器时如何选择定位基准以保证齿形与装配基准的同轴度？

牙嵌离合器的装配基准一般是工件内孔。

在铣床上铣削牙嵌离合器时，通常工件装夹在分度头的三爪自定心卡盘内，工件轴线应与分度头主轴轴线重合。铣削等高齿离合器时，分度头主轴轴线与工作台面垂直；铣削收缩齿离合器时，由于收缩齿的槽底与工件轴线不垂直，夹角为　，所以分度头主轴轴线与工作台台面应保持一个夹角 α。

 思考题 6

1．试述麻花钻刃磨操作方法及其注意事项。

（1）刃磨顶角。刃磨前需要检查砂轮表面是否平整，若不平整或有跳动现象，则必须对砂轮进行修整。刃磨时应始终将钻头的主切削刃放平，置于砂轮轴线所在的水平面上，并使钻头轴线与砂轮圆周线的夹角为顶角 $2Kr$ 的 1/2，即夹角为 Kr。

（2）刃磨后角。刃磨时一手握钻头前端，以定位钻头；另一手捏刀柄，进行上下摆动，并略转动，将钻头的后面磨去一层，形成新的切削刀口。刃磨时，钻头的转动与摆动的幅度都不能太大，以免磨出负后角或磨坏另一条切削刃。用同样的方法刃磨另一条主切削刃和后面，也可以交替刃磨两条主切削刃，刃磨后检查合格方可使用。

（3）刃磨横刃。刃磨横刃就是把麻花钻的横刃磨短。用砂轮缘角刃磨钻心处的螺旋槽，一方面可将钻心处的前角增大，另一方面能将钻头的横刃磨短，如图 6-5 所示，可以有效地减小切削阻力，增强钻头的定心效果。通常，直径在 $\phi 5mm$ 以上的麻花钻都需要刃磨横刃，刃磨后的横刃长度为原来的 1/5～1/3，同时要严格保证刃磨后的螺旋槽面和横刃仍对称分布于钻头轴线的两侧。

2．为保证钻孔质量，应注意哪些问题？

（1）选择的钻头直线度要好，横刃不宜太长，切削刃应锋利、对称，无崩刃、裂纹、退火等缺陷。

（2）钻孔时，应经常退出钻头以断屑、排屑，防止切屑堵塞钻头。

（3）孔即将钻通时，进给速度要慢，以防止钻头突然出孔而发生事故。

（4）用钝的钻头不能使用，应及时进行刃磨或更换。

（5）如果工件钻孔直径较大，则可先用小钻头进行引钻。若加工钢件，则应保证充足地浇注切削液。

（6）只能用毛刷清除切屑，或用铁钩去拉长切屑。严禁用嘴吹切屑，或用手直接拉切屑。主轴未停止转动时，严禁戴手套操作。

3．扩孔和铰孔能达到什么等级的加工公差？

扩孔对于预制孔的形状误差和轴线的偏斜有修正能力，其加工精度可达 IT10，表面粗糙

度值为 $Ra6.3\sim3.2$mm。

铰孔是对已加工孔进行微量切削，是一种对孔半精加工和精加工的方法，铰孔精度一般为 IT9～IT6，表面粗糙度值为 $Ra1.6\sim0.4$mm。

4. 在钢材上铰孔宜选哪种切削液？在铸铁件上铰孔宜选用哪种切削液？

在钢材上铰孔宜选用乳化液，在铸铁件上铰孔用煤油。

5. 简述镗孔的工艺范围和加工质量。

镗孔是使用镗刀对已钻出的孔或毛坯孔进一步加工的方法。镗孔的通用性较强，可以粗加工、精加工不同尺寸的孔，镗通孔、盲孔、阶梯孔，镗加工同轴孔系、平行孔系等。粗镗孔的精度为 IT11～IT13，表面粗糙度值为 $Ra6.3\sim12.5$mm；半精镗孔的精度值为 IT9～IT10，表面粗糙度值为 $Ra1.6\sim3.2$mm；精镗孔的精度可达 IT6，表面粗糙度值为 $Ra0.4\sim0.1$mm。镗孔具有修正形状误差和位置误差的能力。

6. 铣床常用镗刀有哪几种？

（1）整体式单刃镗刀。

（2）机夹固定式镗刀。

（3）双刃镗刀。

（4）微调镗刀。

（5）镗刀盘。

7. 试述镗单孔时的三种对刀方法。

（1）按划线对刀法。

（2）靠镗刀杆对刀法。

（3）测量对刀法。

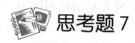

思考题 7

1. 铣削模具型腔应达到哪些工艺要求？

（1）型腔（或型芯）表面应具有较小的表面粗糙度值。

（2）型腔（或型芯）表面应符合要求的形状和规定的尺寸，并在规定部位加工相应的圆弧和斜度。

（3）为使凸、凹模错位量在规定的范围内，型腔（或型芯）应与模具加工的基准正确对应。

2. 用普通铣床铣削模具型腔与一般铣削加工有哪些特点？

在普通铣床上铣削模具型面，可以铣削由简单型面组成的较复杂型面，还可以加工由直线展成的具有一定规律的立体曲面。

（1）要求铣削模具型腔的工人需具备较高的识图能力，能够利用模具加工图和成型件确定型腔的几何形状。

（2）铣削前要预先按型腔的几何特征确定各部位的铣削方法，合理制订铣削步骤。

（3）需掌握改制和修磨专用铣刀的有关知识和基本技能。

（4）通常在铣削中，需根据实际情况合理选择并及时调整铣削用量。

（5）铣削模具的铣床要求操作方便、结构完善、性能可靠。

（6）铣削模具型腔时通常采用按划线手动进给的铣削方法，操作者应熟练掌握铣削曲边直线成型面的手动进给铣削法。

3．简述用普通立式铣床铣削模具型腔的要点？

（1）模具型腔形体分解。在普通铣床上加工模具型腔，首先需根据图样对模具型腔进行形体分解。

（2）拟订加工方法与步骤，合理选择加工基准。铣削模具型腔前，需拟订各部分的加工方法和加工次序，即加工步骤。同时，为了达到准确的形状和尺寸，从而符合凹凸模相配的要求，每个部位加工时的定位是非常重要的，因此，选择好该定位基准是很关键的。

（3）修磨和改制适用的铣刀。除正确选择标准铣刀外，为了加工模具型腔，还需常根据型腔形状的特殊要求，对标准铣刀进行修磨和改制。

4．铣削步骤如下所述。

（1）用端铣刀铣削矩形零件 106.5mm×50mm×60mm 达图样尺寸要求。

（2）划加工参考线，打样冲孔，用立铣刀加工 86.5mm×40mm×17mm 台阶、斜边，$R10$ 处留 0.5mm

加工余量。

（3）用立铣刀铣削凸圆弧 $R5$ 台阶面，$R5$ 处留精加工余量。

（4）将平口钳分别旋转±16°，用立铣刀精加工两处斜面达图样尺寸要求。

（5）平口钳复位，用双手配合法铣削 $R10$ 与两条斜线相切。

（6）铣削两处 $R8$ 圆弧面。

（7）用成型铣刀铣凸圆弧面 $R5$，达图样尺寸要求。

5．用齿轮铣刀粗铣削蜗轮时，如何保证铣刀精确地停留在蜗轮的中心上？

铣刀旋转，将工作台慢慢升高，直到铣刀刀齿碰着凹弧中点为止，然后根据铣削深度（应留 0.5mm 左右的精铣余量）确定垂直进给刻度盘的格数，用垂直进给铣削，铣至规定的格数为止。第一齿槽铣削以后，要记住刻度盘的数值，作为调整切深的依据，其他各齿在分齿之后用同样的方法进行。

6．用齿轮铣刀铣削蜗轮的步骤如何？试简单说明。

用齿轮铣刀铣削蜗轮的方法有两道工序，首先用模数盘铣刀粗铣齿槽，然后再用滚刀精铣。

粗铣蜗轮的步骤如下所述。

（1）铣刀的选择：

铣蜗轮的铣刀直径最好等于与蜗轮啮合的蜗杆直径再加两倍齿隙。如果没有这样的铣刀，那么就只能用一把直径较大的铣刀，不可以采用比蜗杆直径还小的铣刀来铣削。

（2）装夹轮坯：把轮坯装在心轴上，将心轴顶在前后顶针之间。

（3）对中心：为了得到正确的齿形，铣刀厚度 1/2 齿形的对称中心线必须通过轮坯的心中线。

（4）确定工作台角度：转动的方向与铣螺旋槽时相同。

（5）确定切削位置。

（6）对刀切削，铣至规定的格数为止。第一齿槽铣削以后，要记住刻度盘的数值，作为调整切深的依据。其他各齿在分齿之后用同样的方法进行。

精铣蜗轮的步骤如下所述。

（1）将分度头上的鸡心夹头拆下，以便齿坯能在两顶针间自由地转动。

（2）把工作台转动一个适当的角度。

（3）调整工作台，使滚刀刀齿与蜗轮轮齿相啮合。

（4）开动铣床，使滚刀转动。

（5）确定工作台的移动距离。

（6）进行滚铣。当滚刀吃刀至铣削深度以后，使滚刀带动蜗轮空转数转，观察没有切屑后再将蜗轮取下。

（7）检验。

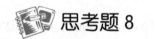

思考题 8

1. 什么叫生产过程和工艺过程？

一个机械厂要生产产品，必须进行一系列的工作，其中包括产品设计、生产组织准备、技术准备、原材料和外购件的供应，以及毛坯制造、机械加工、热处理、装配、检验、试车、油漆包装等。将原材料转变为成品的全过程，称为生产过程。

在产品生产过程中，改变生产对象的形状、尺寸、相对位置和性质等，使其成为成品或半成品的过程，称为工艺过程。

2. 什么叫工序？

一个或一组工人，在一个工作地点对一个或同时对几个工件连续完成的那一部分工艺过程，称为工序。

3. 什么叫安装和工步？

工件经一次装夹后所完成的那部分工序，称为安装。

在加工表面和加工工具不变的情况下，所连续完成的那一部分工序称为工步。

4. 基准有哪几种？

（1）设计基准

（2）工艺基准

① 定位基准：工件在机床上或夹具中定位时，用于确定加工表面与刀具相互关系的基准，即在加工中用作定位的基准，称为定位基准，如圆柱齿轮的内孔等。在一般情况下，定位基准利用工件本身的表面，如铣削图 8-6 零件的 1、2 表面时，以 3 作为定位基准；轴类零件装夹在 V 形铁上铣键槽时，它的外圆表面就是定位基准；如果轴类零件在分度头上用两顶针定位铣削键槽时，则工件的两端顶尖孔就是定位基准。

② 测量基准：用于测量工件各表面的相互位置、形状和尺寸的基准，即测量时所采用的基准，称为测量基准。如用齿厚卡尺测量齿轮弦齿厚，则齿轮外圆是测量基准。

③ 装配基准：装配时用来确定零件或部件在产品中相对位置所采用的基准，称为装配基准，如圆柱齿轮的内孔即为装配基准。

5. 什么叫工艺基准？

在机械制造中加工零件和装配机器所采用的各种基准，总称为工艺基准。

6．什么是粗基准和精基准？如何选择？

（1）粗基准的选择以毛坯上未经加工过的表面做基准，这种定位基准称为粗基准。粗基准的选择原则如下：

① 当零件上所有表面都需加工时，应选择加工余量最小的表面做粗基准。

② 当工件上各个表面不需要全部加工时，应以不加工的面做粗基准。

③ 尽量选择光洁、平整和幅度大的表面做粗基准。

④ 粗基准一般只能使用一次，尽量避免重复使用。

（2）精基准的选择以已加工表面作为定位基准，称为精基准。精基准的选择原则如下：

① 采用基准重合的原则。尽量采用设计基准、测量基准和装配基准作为定位基准。

② 采用基准统一的原则。即当零件上有几个相互位置精度要求较高的表面，且不能在一次安装中加工出来，则在加工过程的各次安装中应该采用同一个定位基准。

③ 定位基准应能保证工件在定位时有良好的稳定性，以及尽量使夹具设计简单。

④ 定位基准应保证工件在受夹紧力和切削力及工件本身重量的作用下，不引起工件位置的偏移或产生过大的弹性变形。

参 考 文 献

[1] 徐衡. 数控铣工实用技术. 沈阳：辽宁科学技术出版社，2003.

[2] 司继跃. 铣工实用技术问答. 北京：机械工业出版社，2001.

[3] 机械工业职业教育研究中心组. 铣工技能实战训练. 北京：机械工业出版社，2004.

[4] 胡家富. 高级铣工技术. 北京：机械工业出版社，2002.

读者服务表

尊敬的读者：

感谢您采用我们出版的教材，您的支持与信任是我们持续上升的动力。为了使您能更透彻地了解相关领域及教材信息，更好地享受后续的服务，我社将根据您填写的表格，继续提供如下服务：

1. 免费提供本教材配套的所有教学资源；

2. 免费提供本教材修订版样书及后续配套教学资源；

3. 提供新教材出版信息，并给确认后的新书申请者免费寄送样书；

4. 提供相关领域教育信息、会议信息及其他社会活动信息。

基本信息				
姓名		性别		年龄
职称		学历		职务
学校		院系（所）		教研室
通信地址			邮政编码	
手机		办公电话	住宅电话	
E-mail			QQ 号码	
教学信息				
您所在院系的年级学生总人数				
	课程 1	课程 2		课程 3
课程名称				
讲授年限				
类　　型				
层　　次				
学生人数				
目前教材				
作　　者				
出 版 社				
教材满意度				
书评				
结构（章节）意见				
例题意见				
习题意见				
实训/实验意见				
您正在编写或有意向编写教材吗？希望能与您有合作的机会！				
状　　态	方向/题目/书名			出 版 社
正在写/准备中/有讲义/已出版				

与我们联系的方式有以下三种：

1. 发 Email 至 642050301@qq.com 领取电子版表格；

2. 打电话至出版社编辑 010-88254501（李洁）；

3. 填写该纸质表格，邮寄至"北京市万寿路 173 信箱，李洁 收，100036"。

我们将在收到您信息后一周内给您回复。电子工业出版社愿与所有热爱教育的人一起，共同学习，共同进步！